Cat-Tuong, Aurelie Nguyen Dinh Cat

Aldostérone, Récepteurs Corticostéroïdes et Hypertension Artérielle

Cat-Tuong, Aurelie Nguyen Dinh Cat

Aldostérone, Récepteurs Corticostéroïdes et Hypertension Artérielle

Apports des modèles conditionnels transgéniques

Presses Académiques Francophones

Impressum / Mentions légales

Bibliografische Information der Deutschen Nationalbibliothek: Die Deutsche Nationalbibliothek verzeichnet diese Publikation in der Deutschen Nationalbibliografie; detaillierte bibliografische Daten sind im Internet über http://dnb.d-nb.de abrufbar.
Alle in diesem Buch genannten Marken und Produktnamen unterliegen warenzeichen-, marken- oder patentrechtlichem Schutz bzw. sind Warenzeichen oder eingetragene Warenzeichen der jeweiligen Inhaber. Die Wiedergabe von Marken, Produktnamen, Gebrauchsnamen, Handelsnamen, Warenbezeichnungen u.s.w. in diesem Werk berechtigt auch ohne besondere Kennzeichnung nicht zu der Annahme, dass solche Namen im Sinne der Warenzeichen- und Markenschutzgesetzgebung als frei zu betrachten wären und daher von jedermann benutzt werden dürften.

Information bibliographique publiée par la Deutsche Nationalbibliothek: La Deutsche Nationalbibliothek inscrit cette publication à la Deutsche Nationalbibliografie; des données bibliographiques détaillées sont disponibles sur internet à l'adresse http://dnb.d-nb.de.
Toutes marques et noms de produits mentionnés dans ce livre demeurent sous la protection des marques, des marques déposées et des brevets, et sont des marques ou des marques déposées de leurs détenteurs respectifs. L'utilisation des marques, noms de produits, noms communs, noms commerciaux, descriptions de produits, etc, même sans qu'ils soient mentionnés de façon particulière dans ce livre ne signifie en aucune façon que ces noms peuvent être utilisés sans restriction à l'égard de la législation pour la protection des marques et des marques déposées et pourraient donc être utilisés par quiconque.

Coverbild / Photo de couverture: www.ingimage.com

Verlag / Editeur:
Presses Académiques Francophones
ist ein Imprint der / est une marque déposée de
AV Akademikerverlag GmbH & Co. KG
Heinrich-Böcking-Str. 6-8, 66121 Saarbrücken, Deutschland / Allemagne
Email: info@presses-academiques.com

Herstellung: siehe letzte Seite /
Impression: voir la dernière page
ISBN: 978-3-8381-7310-8

UNIVERSITE PARIS VI – PIERRE ET MARIE CURIE

UFR de BIOLOGIE

THESE DE DOCTORAT

Présentée par

Cat-Tuong, Aurélie NGUYEN DINH CAT

Pour obtenir le grade de

DOCTEUR de l'UNIVERSITE PIERRE ET MARIE CURIE

Ecole Doctorale: PHYSIOLOGIE et PHYSIOPATHOLOGIE

Rôles physiopathologiques des Récepteurs Corticostéroïdes
dans le Rein et dans l'Endothélium vasculaire.
Apports des modèles conditionnels transgéniques.

Soutenue le 30 Juin 2008

Devant le jury composé de:

Monsieur le Professeur Eric RONDEAU	**Président du Jury**
Madame le Docteur Gervaise LOIRAND	**Rapporteur**
Monsieur le Docteur Vincent RICHARD	**Rapporteur**
Madame le Docteur Martine IMBERT-TEBOUL	**Examinateur**
Monsieur le Docteur Claude DELCAYRE	**Examinateur**
Monsieur le Docteur Frédéric JAISSER	**Directeur de Thèse**

1

REMERCIEMENTS.

« La Recherche est une école où l'on apprend l'importance du dialogue, de la confrontation des idées, du respect d'autrui. (..) La démarche scientifique n'est pas seulement porteuse d'espoir pour la compréhension du monde qui nous entoure, pour la solution des problèmes d'énergie, de santé, d'environnement auxquels nous sommes confrontés. Elle apporte aussi à ceux qui la pratiquent un enrichissement intellectuel et moral. »

Claude Cohen-Tannoudji.
(Prix Nobel de Physique en 1997)

Ce dialogue et ce partage des idées, l'apprentissage d'un raisonnement scientifique, qui permet de douter de soi-même et de ce qui semblait acquis, et la capacité de rebondir immédiatement, ne sont possibles qu'avec l'appui de nos aînés chercheurs, professeurs, collègues, parents, amis, qui sont d'un grand savoir, d'une grande ouverture d'esprit, d'écoute et de patience envers nous. Nombreux sont ceux que je voudrais remercier pour m'avoir aidée, soutenue et accompagné durant ces années de thèse. C'est pour leur témoigner toute ma gratitude et reconnaissance que je leur dédie cette page.

Je tiens tout d'abord à exprimer mes remerciements aux membres du jury qui ont accepté d'évaluer mon travail de thèse.

Merci à Eric Rondeau, Professeur à l'Université Pierre et Marie Curie de Paris VI, de m'avoir fait l'honneur de présider le jury de cette thèse. Merci au Dr Gervaise Loirand (Inserm 915, Institut du Thorax, Nantes) et au Dr Vincent Richard (Inserm 644, UFR de Médecine et de Pharmacie, Rouen) d'avoir accepté d'être les rapporteurs de ce manuscrit. Merci au Dr Martine Imbert-Teboul (CNRS UMR 7134, Institut des Cordeliers, Paris) et au Dr Claude Delcayre (Inserm 689, Hôpital Lariboisière, Paris) d'avoir accepté d'être les examinateurs de mon travail de thèse.

Je tiens tout particulièrement à remercier mon directeur

de thèse, le Dr Frédéric Jaisser, pour le savoir qu'il m'a transmis, pour m'avoir communiqué son enthousiasme pour la recherche, pour sa générosité et sa confiance durant ces années. Les nombreuses discussions que nous avons eues m'ont beaucoup aidée dans la réalisation de cette thèse. Par sa grande rigueur scientifique et ses grandes qualités humaines, Frédéric m'a offert un excellent environnement de travail et un encadrement de très grande qualité, et pour cela je lui serai toujours très reconnaissante.

J'adresse mes vifs remerciements au Pr Xavier Jeunemaitre, directeur de notre unité, pour son sens critique et ses précieux conseils sur l'ensemble de mon travail de thèse.

J'exprime mes sincères remerciements au Dr Nicolette Farman pour avoir supervisé toute la partie relative au modèle de surexpression du récepteur des glucocorticoïdes dans le rein, pour son dynamisme et son énergie, ses conseils et ses encouragements qui m'ont permis de mener à bien ce projet.

Evidemment cette thèse n'est pas l'aboutissement des efforts solitaires d'une seule étudiante. De nombreuses personnes ont contribué d'une façon ou d'une autre, au succès de ce long processus. Je souhaiterais par conséquent ici leur rendre hommage.

Mille mercis aux différentes équipes de recherche avec qui j'ai eu le plaisir et le privilège de collaborer:

- Equipe du Dr Daniel Henrion (CNRS UMR 6188, Angers) pour les expériences de réactivité vasculaire sur les artères mésentériques.

- Equipe du Dr Patrick Lacolley (Inserm U684, Nancy) pour les expériences d'échotracking et d'histomorphométrie.

- Dr Philippe Bonnin (Inserm U689, Paris) pour les joyeuses matinées et les séances dépilatoires passées à Lariboisière.

- Dr Jean-Marie Gasc et Maud Clemessy pour les immunolocalisations du récepteur des glucocorticoïdes dans le rein. Je remercie par la même occasion toutes les personnes de l'ex U36 dirigée par le Professeur Pierre Corvol qui m'ont toujours témoigné une grande sympathie.

- Dr Christine Richer-Giudicelli pour ses conseils, les discussions et le matériel qui nous a servi pour l'étude des paramètres hémodynamiques par la technique des fluosphères.

- Equipe du Dr François Tronche (CNRS UMR 7148) pour leur sympathie.

- Le CEFI (Bichat), particulièrement un grand merci à Martine Muffat-Joly.

Je remercie tous les membres de l'unité Inserm U772 pour leurs conseils et leur soutien. Merci également aux animaliers qui se sont occupés de mes petites souris.

Une pensée affectueuse aux mille et une (voire plus) souris, sans qui ce travail n'aurait indéniablement pas vu le jour !

Enfin, je remercie l'Institut national de la santé et de la recherche médicale (Inserm) et le conseil régional d'Ile-de-France pour avoir financé mes travaux de thèse, pendant les trois premières années. Et la Fondation pour la Recherche Médicale (FRM) m'a apporté une aide financière au cours de la quatrième année.

Cette thèse est dédiée à toute ma famille, symbole d'amour inconditionnel:

A mon père, A ma mère,

A mes frères, Tri-Alexandre et Luc-David,

Merci pour vos conseils, vos encouragements et votre confiance.

A Emmanuel,

Merci pour ta patience quotidienne et tous les fous rires que tu as déclenchés !

PROLOGUE.

« Il est bien des choses qui ne paraissent impossibles que tant qu'on ne les a pas tentées. »

André Gide.

(1869-1951)

RESUME.

Les hormones corticostéroïdes (minéralocorticoïdes et glucocorticoïdes) jouent un rôle majeur dans la regulation de la pression artérielle. Les récepteurs aux minéralocorticoïdes (RM) et aux glucocorticoïdes (RG) sont des facteurs de transcription contrôlant la réabsorption du sodium et l'excrétion de potassium dans le rein. Cependant, *in vivo*, les études fonctionnelles des rôles respectifs du RM et du RG sont limitées en raison notamment de la co-expression de ces deux récepteurs au niveau du rein, du cœur et des vaisseaux, ainsi que de leur affinité comparable pour différents ligands.

L'objectif de ma thèse est d'étudier *in vivo* les rôles respectifs des récepteurs RG et RM dans le rein et dans l'endothélium vasculaire. Nous avons donc généré des modèles transgéniques murins conditionnels permettant de surexprimer soit le RM soit le RG de façon tissu-spécifique.

Nous montrons pour la première fois *in vivo* que la surexpression du RG spécifiquement dans le canal collecteur rénal (CD) conduit à des effets spécifiques du RG dans la régulation de l'homéostasie sodique avec une modification de l'expression de différents canaux ioniques et/ou de leurs régulateurs. Nos résultats mettent en évidence des mécanismes de compensation se produisant dans les tubules distaux et connecteurs en amont, limitant les effets fonctionnels de la surexpression du RG dans le CD.

D'autre part, la surexpression conditionnelle du RM dans l'endothélium induit une hypertension artérielle modérée, une augmentation de la contractilité vasculaire associée à des modifications d'expression des canaux potassiques calcium-dépendants, sans modification des paramètres structuraux vasculaires. Ces résultats démontrent un rôle extra-rénal de l'aldostérone dans le contrôle de la pression artérielle.

Mots-clés : récepteurs corticostéroïdes - canal collecteur - endothélium - pression artérielle - réactivité vasculaire - canaux ioniques

Pathophysiological roles of corticosteroid receptors in the kidney and in the vascular endothelium.

New insights from conditional transgenic models.

ABSTRACT.

Corticosteroids hormones (mineralocorticoids and glucocorticoids) play a major role in blood pressure regulation.Indeed, mineralocorticoids receptors (MR) and glucocorticoids receptors (GR) are transcriptional factors which control renal sodium reabsorption and potassium excretion. However, *in vivo* functional studies analyzing the respective role of MR and GR remain difficult due to both receptors co-expression in the kidney, the heart and the vessels, as well as due to their comparable affinity to different binding-ligands.

The goal of my thesis is to study the respective role of MR and GR receptors in the kidney and in the vascular endothelium. We generated conditional transgenic mice models which overexpress either the MR or the GR in a tissue-specific manner.

We demonstrated for the first time that GR overexpression specifically in the renal collecting duct (CD) leads to specific effects of GR in the regulation of sodium homeostasis through modification of expression of different ion channels and their regulators. Our results highlight compensatory changes occurring in the upstream distal and connecting tubule that limit the functional effects of GR overexpression in the CD. The conditional overexpression of the MR in the endothelium induces a mild hypertension, an increase in vascular contractility associated with modifications in calcium-activated potassium channels expression, without any change in vascular structural parameters. This demonstrates a role of aldosterone in blood pressure control independently of renal ionic homeostasis.

Keywords: corticosteroid receptors - collecting duct - endothelium - blood pressure - vascular reactivity - ion channels

TABLE DES MATIERES.

CHAPITRE V – RESULTATS: MODELE DE SUREXPRESSION CONDITIONNELLE DU RG DANS LE CANAL COLLECTEUR RENAL..................213

CHAPITRE VI – RESULTATS: MODELE DE SUREXPRESSION DU RM DANS LES CELLULES ENDOTHELIALES. 242

LISTE DES ABREVIATIONS.

Aa	Acide aminé
ACE	Enzyme de conversion de l'angiotensine II
ADH	Hormone andiurétique
ADNc	Acide désoxyribonucléique complémentaire
AGT	Angiotensinogène
ANF	Facteur atrial natriurétique
Ang II	Angiotensine II
ARNm	Acide ribonucléique messager
ATP	Adénosine triphosphate
AT1R	Récepteur de l'Angiotensine II de type 1
AT2R	Récepteur de l'Angiotensine II de type 2
AVP	Arginine vasopressine (=ADH)
β-gal	Bêta galactosidase
BK_{Ca}	Canaux K calcium-dépendant de grande conductance
CCD	Tubule collecteur cortical
CMLv	Cellules musculaires lisses vasculaires
CNT	Tubule connecteur
COX	Cyclooxygénase
CRH	Corticotropine
CYP	Cytochrome P450
CT	Contrôle
DCT	Tubule contourné distal
DMEM	Dulbecco's modified eagle's medium
DMSO	Diméthyl sulfoxyde
DNase	Désoxyribonucléase
dNTPs	Désoxynucléotides triphosphates
DO	Densité optique
DT	Double-transgénique
ECE	Enzyme de conversion de l'endothéline 1
EDHF	Facteur hyperpolarisant dérivé de l'endothélium
EET	Acide époxyeicosatriénoïque
EDTA	Ethylènediamine tetraacétate de sodium
ENaC	Canal épithélial à sodium sensible à l'amiloride
ET-1	Endothéline 1
$ET_{A,B}$	Récepteur de l'endothéline 1 de type A ou de type B
GAPDH	Glycéraldéhyde-3-phosphate

déshydrogénase
GILZ Glucocorticoid-induced leucine zipper
HEK 293 Human embryonic kidney 293 cells
HPRT Hypoxanthine phosphoribosyltransférase
Hsp Heat shock protein
HSD2 11-bêta Hydroxystéroïde déshydrogénase de type 2
HTA Hypertension artérielle
IEC Inhibiteurs de l'enzyme de conversion
IK_{Ca} Canaux K calcium-dépendant de moyenne
  conductance
IL Interleukine

Ions :

Ca	Calcium	K	Potassium
Cl	Chlore	Mg	Magnésium
CN	Cyanate	Na	Sodium
Fe	Fer	P	Phosphore

IP3 Inositol triphosphate
ip intra-péritonéale
iv intra-veineuse
LacZ gène de la β-galactosidase
L-NAME NG –nitro-L-arginine methyl ester
Luc Luciférase
MAPK Mitogen-activated protein kinase
NADH Nicotinamide adenine dinucléotides
NCC Co-transporteur Na-Cl sensible au thiazide
NDRG2 N-myc downstream regulated gene 2
NFκB Nuclear factor kappa B
NKCC Co-transporteur Na-K-2Cl
NO Monoxyde d'azote
NOS Nitric oxide synthase
PAS Pression artérielle systolique
PCR Réaction de polymérisation en chaîne
PCT Tubule contourné proximal
PK Protéine kinase

RG	Récepteur des glucocorticoïdes
RM	Récepteur minéralocorticoïde
RNase	Ribonucléase
ROMK	Renal outer medullary potassium channel
ROS	Espèces réactives de l'oxygène
RT	Reverse transcription
sd	Standard deviation (écartype)
sem	Erreur standard à la moyenne
Sgk1	Serum- and glucocorticoid-activated kinase 1
SK_{Ca}	Canaux K calcium-dépendant de faible conductance
SRAA	Système rénine-angiotensine-aldostérone
s.u	Sous-unité
TAL	Branche large ascendante de l'anse de Henlé
Tet	Tétracycline
TetO	Opérateur sensible à la tétracycline
TetR	Répresseur sensible à la tétracycline
TGFβ	Transforming growth factor de type beta
TNFα	Tumor necrosis factor alpha
VEGF	Facteur de croissance de l'endothélium vasculaire
X-gal	5-bromo-4-chloro-3-indolyl-β-D-galactoside
WNK	With-no-lysine (K) kinase
WT	Wild-type ou sauvage

UNITES DE MESURE.

°C	Degré Celsius	mmHg	Millimètre de mercure
%	Pourcentage	min	Minute
Bpm	Battement par minute	mL	Millilitre
cM	Centimorgan	mM	Millimolaire/millimole par litre
cm.s^{-1}	Centimètre par seconde	mN	Mllinewton
h	Heure	µg	Microgramme
j	Jour	µL	Microlitre
Kb	Kilobase	µM	Micromolaire/micromole par litre
kDa	Kilodalton	nm	Nanomètre
Log	Logarithme décimal	pb	Paire de bases
M	Molaire/Mole par litre	sec	Seconde
mg	milligramme	V	Volt

LISTE DES FIGURES.

vasoconstricteur.

LISTE DES TABLEAUX.

INTRODUCTION.

Selon Claude Bernard (1865), « l'homéostasie est l'équilibre dynamique qui maintient en vie les êtres vivants ». En biologie, cette notion est essentielle et traduit l'aptitude de l'organisme à maintenir constant l'équilibre de son milieu intérieur, en dépit des contraintes extérieures. En effet, face aux changements dont est responsable l'environnement, l'organisme met en place des mécanismes de régulation pour conserver un équilibre et un fonctionnement satisfaisant. Avec le système nerveux, le système hormonal est l'un des deux plus importants systèmes de régulation de l'organisme.

Nos recherches se sont intéressées aux hormones corticostéroïdes et en particulier à l'aldostérone qui est sécrétée par les glandes surrénales, et qui a pour rôle principal la réabsorption de sodium au niveau du rein. L'aldostérone est impliquée dans plusieurs situations pathologiques, notamment dans les maladies cardiovasculaires.

Les pays occidentaux sont fortement touchés par ces maladies cardiovasculaires qui représentent la première cause de mortalité devant les cancers. Parmi les facteurs de risque cardiovasculaires, l'hypertension artérielle (HTA) est l'un des plus fréquents et touche plus de 8 millions de personnes en France. Sa prévalence en fait une cause majeure de morbidité et de mortalité. L'HTA correspond à une élévation permanente de la pression du sang dans les artères, égale ou supérieure à 140/90 mmHg, et peut de ce fait conduire à des pathologies au niveau du cœur, des vaisseaux, des reins et du cerveau au fil des années, souvent sans aucun symptôme d'alerte. Elle est alors appelée essentielle. C'est pourquoi le diagnostic et le traitement de l'hypertension sont d'importance fondamentale dans le secteur de la santé publique.

La régulation de la pression artérielle dépend de facteurs génétiques multiples, de facteurs environnementaux ainsi que de différents facteurs hormonaux et peptidiques tels que le **système rénine-angiotensine-aldostérone (SRAA)**, le système kallikréine-kinine, les récepteurs adrénergiques, les barorécepteurs, les peptides natriurétiques, ou encore les systèmes de peptides vasodilatateurs et vasoconstricteurs.

La thématique centrale de notre laboratoire porte sur l'étude du SRAA, et plus particulièrement sur le rôle physiopathologique de l'aldostérone et des récepteurs minéralocorticoïde (RM) et glucocorticoïde (RG) qui sont deux récepteurs nucléaires fortement apparentés.

L'aldostérone est sécrétée en réponse à une stimulation par l'angiotensine II, une augmentation du potassium extracellulaire, ou encore la sécrétion basale d'adrénocorticotropine (ACTH). Son action, au niveau du rein, est de réguler la balance hydrosodée (réabsorption active de sodium et passive d'eau), et a pour conséquence de participer au maintien de la volémie et de la pression artérielle. Mais les mécanismes d'action cellulaire de cette hormone restent à préciser. L'aldostérone agit en se fixant au RM, qui se comporte comme un facteur de transcription dépendant du ligand, c'est-à- dire qu'il stimule la transcription de gènes codants pour des protéines qui contrôlent la réabsorption de sodium et l'excrétion de potassium (notamment le canal sodique ENaC et la pompe Na/K-ATPase).

Le RM a la particularité de pouvoir lier l'aldostérone, mais aussi les glucocorticoïdes (tel que le cortisol chez l'Homme et la corticostérone chez le rongeur). Ces derniers ont une concentration circulante 100 à 1000 fois supérieure à celle de l'aldostérone. Dans le rein, un mécanisme enzymatique mis en jeu par la 11β-hydroxystéroïde-déshydrogénase de type 2 (11β-HSD2) permet de métaboliser les glucocorticoïdes en composés inactifs, lesquels ne peuvent alors plus se fixer sur le RM, octroyant ainsi une sélectivité de liaison de l'aldostérone au RM. Cependant l'expression de cette enzyme est restreinte à certains types cellulaires, que sont les tissus cibles dits « classiques » de l'aldostérone (i.e. le colon et les glandes sudoripares).

Les récepteurs RM sont également exprimés au niveau du système nerveux central (hippocampe), des cellules de la peau (kératinocytes), des cellules vasculaires musculaires lisses et endothéliales, ou encore des cellules cardiaques. Cependant, le rôle de l'aldostérone dans ces nouvelles cellules cibles dites « non classiques » n'est pas bien compris et reste encore à définir.

L'action pluri-tissulaire de l'aldostérone ayant été récemment mise en évidence, nous discuterons, dans le chapitre VIII de ce manuscrit, la théorie de Guyton selon laquelle, quels que soient les mécanismes pouvant conduire à une HTA, le rein serait le *primum movens* et jouerait un rôle pathogénique central (Guyton, 1991).

Ainsi, pour mieux comprendre l'implication de

l'aldostérone et des récepteurs corticostéroïdes dans le développement de l'hypertension et des pathologies cardiovasculaires et rénales, l'objectif de mes travaux de recherche a donc été d'étudier *in vivo* le rôle physiopathologique de l'aldostérone et des récepteurs aux corticostéroïdes:

1) **dans le rein** et plus précisément dans les parties terminales du néphron, où l'hormone est impliquée dans le contrôle de la balance hydrosodée.

2) **dans les vaisseaux**, spécifiquement au niveau de l'endothélium, tissu cible « non classique » de l'aldostérone, qui exprime aussi l'enzyme de sélectivité, la 11β-HSD2. Pour répondre à ces objectifs, notre équipe a opté pour une approche génétique en générant et en caractérisant de nouveaux modèles conditionnels transgéniques tissu-spécifiques. Cette stratégie nous a permis de nous affranchir des limites que peuvent comporter les autres modèles animaux qui sont des modèles d'inactivation ubiquitaire ou de surexpression globale. En effet, par exemple, le modèle d'inactivation du RM chez la souris est létal et ne permet pas d'étudier l'animal adulte (Berger et al, 1998). De plus, le modèle de surexpression constitutive du RM (Le Menuet et al, 2001) touche tout l'organisme et il

est alors difficile de différencier le rôle du RM dans chacun des organes ou territoires ciblés par cette surexpression, ou de savoir quel territoire est affecté en premier.

Pour mieux aborder les travaux effectués au cours de ma thèse, je consacrerai les deux premiers chapitres de ce manuscrit à exposer les connaissances générales sur le rôle de l'aldostérone dans le rein, puis dans le vaisseau. Je détaillerai ensuite dans un autre chapitre les techniques que nous avons employées, puis je décrirai l'ensemble des résultats que nous avons obtenus au cours de la caractérisation de nos modèles conditionnels transgéniques. Enfin, j'ouvrirai la discussion sur l'apport de ces modèles conditionnels à la compréhension du rôle spécifique des récepteurs RM, RG et de l'aldostérone dans un organe donné. J'insisterai aussi sur l'importance de conserver une vue intégrative malgré le contexte particulier (i.e. ciblant un tissu particulier pendant un temps donné) que nous avons choisi pour étudier la question du rôle physiopathologique de l'aldostérone et des récepteurs corticostéroïdes dans le rein et le système cardiovasculaire.

ETUDE BIBLIOGRAPHIQUE.

« A la source de toute connaissance, il y a une idée, une pensée, puis l'expérience vient confirmer l'idée (…) Il faut admettre tout comme possible, mais il faut tout vérifier..»

Claude Bernard.

CHAPITRE I – RÔLE PHYSIOPATHOLOGIQUE DE L'ALDOSTERONE ET DU RECEPTEUR MINERALOCORTICOÏDE DANS LE REIN.

I-1 L'ALDOSTERONE ET LES RECEPTEURS NUCLEAIRES.

Après la découverte, en 1937, de la cortisone par les équipes de Reichstein et Kendall, la corticothérapie est devenue le traitement de référence de la plupart des maladies inflammatoires. L'aldostérone a été découverte dans les années 50 sous le nom d'électrocortine du fait de ses propriétés sur le métabolisme des électrolytes. Les équipes de Kendall et Reichstein ont ensuite cristallisé le composé actif et caractérisé l'hormone sous le nom d'aldostérone (Simpson et al, 1952, 1954; Mason et Mattox, 1956).

I-1.1 Biosynthèse de l'aldostérone.

Trois classes de stéroïdes sont produites par la glande corticosurrénale: les glucocorticoïdes, les minéralocorticoïdes et les androgènes. Les minéralocorticoïdes ont ainsi été nommés parce qu'ils jouent un rôle important dans le bilan électrolytique, notamment le sodium et le potassium. Les glucocorticoïdes portent leur nom du fait de leur important effet sur l'augmentation de la concentration de glucose dans le sang. L'aldostérone est une hormone minéralocorticoïde responsable de 90% de l'activité de tous les minéralocorticoïdes. Elle est synthétisée dans la zone glomérulée de la glande corticosurrénale à partir du cholestérol, par la voie de synthèse enzymatique dite de stéroïdogenèse, initiée au sein de la membrane interne de la mitochondrie (Haning et al, 1971). Cette voie fait intervenir la protéine StAR (*Steroidogenic Acute Regulatory protein*), présente dans tous les tissus stéroïdogéniques. Cette protéine est un élément clé dans la régulation de la synthèse des stéroïdes. Elle forme un élément de transport à travers la membrane mitochondriale (Caron et al, 1997; Stocco, 2001).

Les étapes de la synthèse des hormones stéroïdes sont les suivantes (**Figure I.1**):

1) le cholestérol est converti en prégnénolone par la 17β-hydroxylase (CYP17), qui fait partie de la famille des cytochromes P450.

2) la prégnénolone est ensuite sécrétée dans le cytosol et métabolisée en progestérone au niveau de la membrane du réticulum endoplasmique lisse par la 3β-hydroxystéroïde déshydrogénase (3β-DH).

3) puis une 21β-hydroxylation par la CYP21A2 va former deux glucocorticoïdes différents selon l'espèce considérée: la 11-déoxy-corticostérone (chez le rongeur) ou la 11-déoxy-cortisol (DOC) (chez l'Homme).

4) chez l'Homme, la 11-déoxy-cortisol est le substrat d'une 11β-hydroxylase (CYP11B1, enzyme similaire à l'aldostérone synthase) formant le cortisol. Chez le rongeur, le glucocorticoïde formé à partir de la 11-déoxy-corticostérone est la corticostérone, elle-même métabolisée en aldostérone au niveau de la mitochondrie par l'aldostérone synthase (CYP11B2) (Wilson et al, 1998).

La glande surrénale représente donc le principal lieu de synthèse de l'aldostérone et est ainsi à l'origine des variations majeures des taux d'aldostérone circulante.

Cependant, durant ces dix dernières années, la synthèse d'aldostérone a également été mise en évidence au sein du système nerveux central (Mellon et Deschepper, 1993; Gomez-Sanchez et al, 1997), des vaisseaux (Hatakeyama et al, 1994; Takeda et al, 1995) et du cœur (Silvestre et al, 1998), même si, dans ce dernier, les ARNm de l'aldostérone synthase s'y retrouvent à des taux jusqu'à 1000 fois plus faibles que ceux observés dans la surrénale. Ces différents

36

tissus expriment aussi les récepteurs de l'aldostérone, ce qui en font des cibles pharmacologiques intéressantes pour bloquer l'action physiopathologique de l'aldostérone dans ces tissus, et tester ainsi de nouvelles stratégies thérapeutiques.

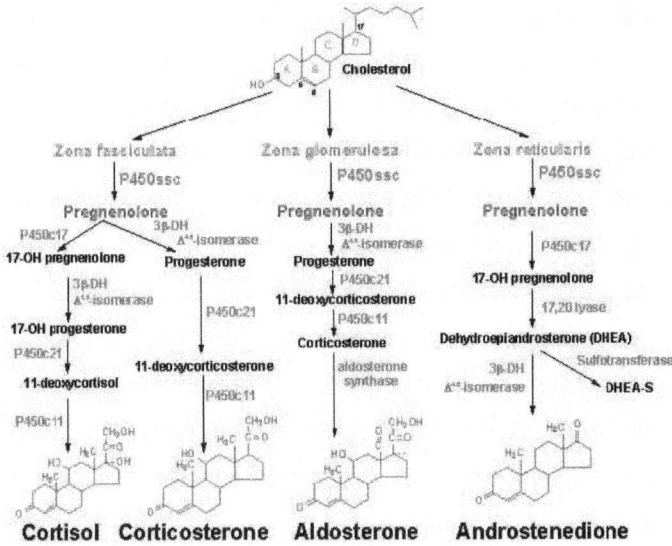

Cortisol   Corticosterone   Aldosterone   Androstenedione

Fig I.1 Stéroïdogenèse. Synthèse des hormones stéroïdes à partir du cholestérol. (Adapté de l'*Encyclopedia of Hormones*, *Academic Press*, 2003)
Etapes enzymatiques de la biosynthèse des minéralocorticoïdes et des glucocorticoïdes dans la glande surrénale. 3β-DH : 3β-déshydrogénase; P450c11: 11β-hydroxylase (CYP11B1); P450c17: 17α- hydroxylase (CYP17); P450c21 : 21β-hydroxylase (CYP21A2).

I-1.2 Mécanisme d'action de l'aldostérone.

Dans les cellules épithéliales polarisées, l'aldostérone diffuse de manière passive à travers la membrane plasmique puis vient se fixer sur un récepteur cytosolique, le récepteur minéralocorticoïde (RM), qui appartient à la superfamille des récepteurs nucléaires. Ce dernier est inactif lorsqu'il est lié à des protéines chaperones (telles que Hsp90, Hsp70 et les immunophyllines) qui le maintiennent dans une conformation réceptive pour son ligand. Une fois l'aldostérone fixée au domaine de liaison du ligand du RM, ce dernier change de conformation pour aller se transloquer dans le noyau de la cellule où il agit comme un facteur de transcription (Couette et al, 1996; Rogerson et al, 2004). Le RM se fixe ainsi sur l'ADN à des éléments de réponses qui sont des séquences consensus appelées HRE (*Hormone Responsive Elements*). Le RM recrute alors différents cofacteurs transcriptionnels afin de mettre en marche la machinerie transcriptionnelle (ARN polymerase) pour induire ou réprimer l'expression des gènes cibles de l'aldostérone (Pascual-Le Tallec et Lombes, 2005) (**Figure I.2**).

D'autres études ont pu montrer des effets rapides non génomiques de l'aldostérone, dont l'importance physiologique n'a pas encore été clairement définie (Mihailidou et Funder, 2005).

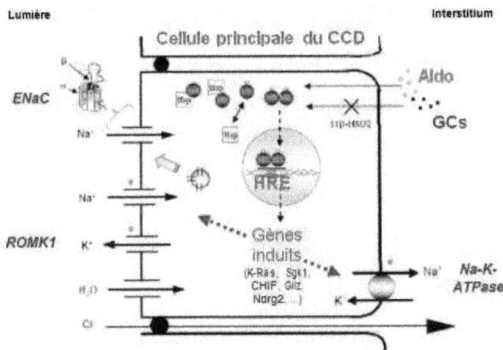

Fig I.2 Mécanisme d'action de l'aldostérone.
Dans la cellule épithéliale rénale, l'aldostérone diffuse de manière passive à travers la membrane, puis vient se fixer à un récepteur cytosolique, le récepteur minéralocorticoïde (RM) (sur la figure, le RM est représenté en rond rouge et appelé MR pour *mineralocorticoid receptor*). Le RM est ensuite transloqué dans le noyau, où il agit comme un facteur de transcription ligand-dépendant, en se fixant à des séquences HRE (*Hormone Responsive Element*) et induire la transcription de plusieurs gènes, impliqués dans la régulation de la réabsorption transépithéliale de sodium. Dans la cellule, l'enzyme 11β-hydroxystéroïde déshydrogénase de type 2 (11β-HSD2) catalyse la conversion des glucocorticoïdes en métabolites inactifs qui ne peuvent ainsi plus se fixer sur le RM et/ou le RG, accordant ainsi une sélectivité de liaison de l'aldostérone pour le RM.

I-1.3. Le récepteur minéralocorticoïde (RM).

Le RM est une protéine de la superfamille des récepteurs nucléaires, famille des récepteurs stéroïdes, liant l'aldostérone. Il est codé par un seul gène *NR3C2* (sous-famille 3 des récepteurs nucléaires, groupe C, membre 2), situé sur le chromosome 4 chez l'Homme, sur le chromosome 19 chez le rat et sur le chromosome 8 chez la souris. Le gène *NR3C2* s'étend sur plus de 400 kb et est composé de 10 exons et de 8

39

introns. Les deux premiers exons (1α et 1β) ne sont pas codants. Les 8 autres exons (E2 à E9) codent pour une protéine de 984 acides aminés d'une masse moléculaire de 107 kDa.

I-1.3.1 Structure.

Le RM possède la structure classique des récepteurs nucléaires (**Figure I.3**):

- un très grand domaine N-terminal (domaine A/B), qui est intégralement codé par l'exon E2. C'est la région possédant la plus faible identité de séquence parmi les membres de la famille des récepteurs nucléaires.

- un domaine de liaison à l'ADN (domaine C), en doigts de zinc, très conservé, qui est codé par les exons E3 et E4. Les deux structures en doigts de zinc sont nécessaires à la liaison aux éléments de réponse HRE, communs aux récepteurs minéralo- et gluco-corticoïdes. Ce domaine participe aussi à la dimérisation du récepteur (Luisi et al, 1994) et serait impliqué dans le trafic nucléo-cytoplasmique dans la mesure où il comporte une séquence en acides aminés possédant une forte identité avec le signal de localisation nucléaire identifié chez le récepteur RG (De Franco et al, 1995).

- une région charnière ou *hinge* (domaine D) située entre le domaine de liaison à l'ADN et le domaine de liaison au ligand, et qui est importante pour le changement de conformation du RM.

- un domaine de liaison au ligand (domaine E), situé en C-terminal de la protéine, qui est codé par les 5 derniers exons (E5 à E9), et qui est constitué de 12 hélices α et d'un feuillet β. Ce domaine possède de nombreux points communs avec les autres récepteurs stéroïdes tels que le récepteur aux glucocorticoïdes, à la progestérone, aux androgènes ainsi qu'aux œstrogènes.

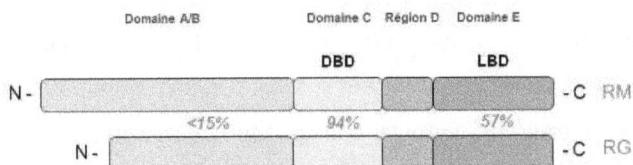

Fig I.3 Structure des récepteurs nucléaires.
Le pourcentage d'identité de séquences entre le RM et le RG, pour les domaines N-terminal (domaine
A/B), de liaison à l'ADN (DBD) et de liaison au ligand (LBD), est indiqué en rouge et en italique.

Entre le RM et le RG (**Figure I.3**), la différence est surtout présente au niveau de la partie N-terminale, avec moins de 15% d'identité de séquence. Les domaines de liaison à l'ADN du RM et du RG sont identiques à 94%, ce qui pourrait expliquer qu'ils partagent les mêmes éléments de réponse HRE (séquences consensus, palindromiques 5'-GGTACAnnnTGTTCT-3') (Truss et Beato, 1993). En ce qui concerne le domaine de liaison au ligand, le pourcentage d'identité de séquence est de 57%, ce qui explique en partie que chacun des deux récepteurs peut lier et l'aldostérone et les glucocorticoïdes. Des expériences de liaison après transfection du RM ou du RG dans les cellules n'exprimant pas ces récepteurs (cellules COS), montrent que l'aldostérone et le cortisol possèdent une forte affinité pour le RM (0,1 à 1 nM) et une affinité plus faible pour le RG (10 nM) (Lombes et al, 1994). Toutefois, il faut aussi tenir compte du fait que la concentration circulante des glucocorticoïdes est 100 à 1000 fois supérieure à celle de l'aldostérone. Cette situation pose la question de la spécificité d'action de l'aldostérone sur son récepteur. Un mécanisme de protection de la liaison aldostérone-RM permettant à certains organes de modifier les glucocorticoïdes pour empêcher leur liaison au RM sera exposé dans le **paragraphe I-2.5**.

I-1.3.2 Physiopathologie.

Des mutations inactivatrices du gène codant le RM sont responsables d'une forme autosomique dominante de pseudohypoaldostéronisme de type 1 (PHA1), caractérisée par des pertes de sels importantes chez le nouveau-né, conduisant à une hyponatrémie, une hyperkaliémie, associées à une résistance aux minéralocorticoïdes (Pujo et al, 2007). Cette pathologie souvent mortelle si elle n'est pas rapidement diagnostiquée, est traitée par simple compensation en sodium (plusieurs grammes par jour). La maladie deviendra alors asymptomatique chez l'adulte, qui toutefois gardera une forte appétence pour le sel (Pujo et al, 2007).

Il existe aussi une autre pathologie humaine fréquente appelée ''syndrome d'excès apparent de minéralocorticoïdes'' (AME pour *Apparent Mineralocorticoid Excess*) (voir plus loin **paragraphe I-2.5.2**) chez laquelle le RM va être en permanence activé par le cortisol, au lieu de l'aldostérone. Ce syndrome peut être dû à deux causes:

- soit des mutations inactivatrices de l'enzyme, la 11β-hydroxystéroïde déshydrogénase de type 2 (11β-HSD2), qui est chargée normalement de métaboliser le cortisol en forme inactive, la cortisone.

- soit une intoxication par la liquorice, provenant de la racine de la réglisse. Cette dernière inhibe l'action de l'enzyme 11β-HSD2.

Ces situations vont conduire à une rétention sodée excessive, provoquant une hypertension et une hypokaliémie forte, pouvant entraîner des problèmes cardiaques graves (tachycardie et fibrillation ventriculaire).

I-1.4 Les glucocorticoïdes et le récepteur des glucocorticoïdes (RG).

Les glucocorticoïdes (GCs) sont des hormones stéroïdiennes synthétisées à partir du cholestérol dans les zones fasciculée et réticulée des glandes surrénales (voir **paragraphe I-2.1**).

I-1.4.1 Régulation.

La libération des GCs est déclenchée par l'adénocorticotropine (ACTH). En réponse à un stimulus tel que le stress, la corticotropine (CRH) est sécrétée par l'hypothalamus et active la relâche de l'ACTH par les cellules corticotropes de l'adénohypophyse (**Figure I.4**). L'ACTH se lie à ses récepteurs qui font partie de la famille des récepteurs à sept domaines transmembranaires et qui sont situés dans les zones fasciculée et réticulée des glandes surrénales. L'ACTH permet ainsi la libération du cholestérol des vésicules lipidiques via une cascade enzymatique impliquant

44

l'AMPc. Le cholestérol ainsi libéré sera disponible pour la stéroïdogénèse (Binkley, 1995).

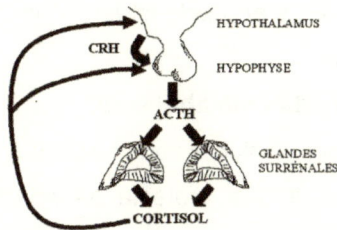

Fig I.4 Régulation de la sécrétion des glucocorticoïdes.
(Marieb, 1993)

L'ACTH produite par l'adénohypophyse, suite à la stimulation par la corticotropine (CRH), active la sécrétion des glucocorticoïdes par les glandes surrénales. Les glucocorticoïdes exercent une rétroinhibition sur la sécrétion d'ACTH et de CRH, respectivement au niveau de l'adénohypophyse et de l'hypothalamus.

La régulation de la sécrétion des GCs passe par un mécanisme de rétrocontrôle négatif sur l'axe hypothalamo-hypophysaire. L'élévation de la concentration des GCs exerce une rétro-inhibition sur la sécrétion de CRH et sur la libération d'ACTH et, par conséquent du cortisol (Binkley, 1995; Marieb, 1993; Wilson et al, 1998).

Chez l'homme, la sécrétion de cortisol est fonction de l'apport alimentaire et du degré d'activité physique et elle s'échelonne de manière définie sur une période de 24 heures. Le taux sanguin de cortisol atteint son maximum peu après le lever et son minimum, dans la soirée, avant et après le sommeil. La fièvre, l'hypoglycémie et le stress perturbent le rythme de sécrétion des GCs en déclenchant la libération de CRH (Marieb, 1993).

I-1.4.2 Transport et métabolisme.

Le cortisol étant insoluble dans l'eau, il circule lié soit à l'albumine soit à une protéine transporteuse appelée transcortine ou protéine de liaison des corticostéroïdes (CBG pour *corticosteroid binding globulin*). Le cortisol et le CBG forment un complexe de haute affinité facilement dissociable qui permet de délivrer l'hormone aux cellules cibles (Binkley, 1995).

Les stéroïdes étant lipophiles, ils doivent être convertis sous une forme soluble pour l'excrétion. Le foie est responsable de 95% du métabolisme du cortisol. Les cellules hépatiques transforment d'abord le cortisol en cortisone et en dihydrocortisol via la 11 β-hydroxystéroïde déshydrogénase type 1 (11β-HSD1) et la 3-hydroxystéroïde déshydrogénase. Des métabolites inactifs sont ensuite formés par réduction et conjugaison de ces dérivés avec l'acide glucuronique, et excrétés au niveau du rein (Binkley, 1995).

Le cortisol est aussi inactivé en cortisone au niveau

rénal, par la 11β-hydroxystéroïde déshydrogénase type 2 (11β-HSD2), afin d'empêcher l'activation du récepteur des minéralocorticoïdes par les GCs (Greenspan et Strewler, 1997).

I-1.4.3 Mécanismes d'action.

Le mécanisme d'action des GCs est en partie similaire à celui décrit pour l'aldostérone (voir **paragraphe I-1.2**). En effet, les GCs diffusent librement dans les cellules cibles, où ils vont lier des récepteurs cytoplasmiques qui leur sont spécifiques: les récepteurs des glucocorticoïdes (RG). La liaison du cortisol aux RGs déplace les protéines chaperones, comme la Hsp90, qui leur sont liées en l'absence de ligand et libère la région qui correspond au motif en doigt de zinc. Il y a ensuite translocation au noyau et dimérisation du complexe hormone-récepteur (Wilson, 1998). Deux mécanismes sont ensuite possibles:

- <u>Mécanisme de type 1</u> dit classique: le dimère se fixe à une région qui lui est spécifique dans la région promotrice des gènes cibles via le motif en doigt de zinc. Cette région se nomme élément de réponse aux GCs (ou GRE). La liaison aux séquences GRE permet alors l'activation ou l'inhibition de la transcription des gènes.

47

- Mécanisme de type 2: il implique l'interaction du complexe hormone-récepteur avec différents facteurs de transcription. Par exemple, il a été démontré que les glucocorticoïdes peuvent interagir avec *c-fos* et *c-jun* qui sont les composants du complexe « activator protein 1» (AP-1) et peuvent ainsi inhiber la synthèse de protéines impliquées dans la réponse inflammatoire (Cato et Wade, 1996).

L'interaction peut être de type protéine-protéine et indépendante de la liaison à l'ADN ou alors, dépendante de cette liaison (Beato, 1989).

I-1.4.4 Rôles des glucocorticoïdes.

Les récepteurs aux GCs sont retrouvés dans presque tous les types cellulaires et permettent aux GCs de jouer plusieurs rôles dans l'organisme, notamment au niveau du métabolisme, dans les systèmes immunitaire et cardiovasculaire ainsi que dans le rein (Greenspan et Strewler, 1997). C'est au niveau de ce dernier que nos recherches se sont précisément portées.

I-1.4.4.1 Métabolisme intermédiaire.

Les GCs augmentent la néoglucogenèse, à savoir la formation de glycogène et la disponibilité de substrats dérivés de protéines et de lipides. Au niveau du foie, ils stimulent certaines enzymes impliquées dans la néoglucogenèse et augmentent la réactivité aux hormones néoglucogénétiques. Dans les muscles, ils diminuent le recaptage des acides aminés et la synthèse protéique. Ils augmentent la lipolyse dans les cellules adipeuses. Toutes ces actions ont pour but de maintenir les taux de glucose dans le sang (Binkley, 1995).

I-1.4.4.2 Système immunitaire.

Les GCs ont une action anti-inflammatoire bien décrite dans la littérature et sont à cet effet souvent utilisés en milieu médical. Ils agissent notamment sur le mouvement et la fonction des leucocytes. Ils diminuent le nombre de lymphocytes, de monocytes et d'éosinophiles en circulation. De plus, ils diminuent aussi la migration des cellules immunitaires vers les sites d'inflammation (Greenspan et Strewler, 1997).

I-1.4.4.3 Système cardiovasculaire.

Les GCs agissent au niveau du cœur et des vaisseaux. Ils jouent un rôle important dans le contrôle de la réactivité vasculaire en potentialisant les réponses vasoactives aux catécholamines (Yang et Zhang, 2004). On observe une augmentation de l'artériosclérose chez les patients atteints de polyarthrite rhumatoïde et qui reçoivent un traitement aux corticostéroïdes prolongé

(Kalbak, 1972). De plus, des rats soumis à des exercices et recevant un traitement aux glucocorticoïdes développent une hypertrophie cardiaque (Kurowski et al, 1984).

D'autre part, en excès, les glucocorticoïdes augmentent la pression artérielle. Cet excès peut survenir dans le cas de la maladie de Cushing, ou comme c'est le cas plus fréquemment, après corticothérapie (Whitworth, 1994). Les conséquences sont entre autres: l'obésité prédominante au niveau du tronc et des membres, l'ostéoporose, l'intolérance au glucose, le diabète, les cataractes, les calculs rénaux et l'hypertrophie du ventricule gauche (Binkley, 1995). 80% des patients atteints de la maladie de Cushing et 20% des sujets sous corticothérapie sont hypertendus (Grünfeld et Eloy, 1987; Whitworth, 1994; Walker et al, 1996).

L'hypertension induite par les GCs se caractérise par une augmentation rapide de la pression artérielle (en 24h) et cette augmentation est indépendante de la teneur en sel de la diète (Clarke et al, 1968; Elijovich et Krakoff, 1980; Okuno et al, 1981; Whitworth et al, 1979, 1994). Chez ces sujets hypertendus, bien que l'on observe une légère rétention en sodium, il a été démontré que le mécanisme par lequel les glucocorticoïdes agissent, est en majeure partie indépendant de l'activation du récepteur RM (Whitworth et al, 1979, 1989; Yagil et al, 1986). L'hypertension induite par les GCs serait plutôt due à une augmentation des résistances vasculaires périphériques (Okuno et al, 1981; Yagil et al, 1986; Grünfeld et Eloy, 1987; Whitworth et al, 1997). Inversement, l'hypotension est associée à une déficience en glucocorticoïdes comme dans le cas de la maladie d'Addison (Binkley, 1995; Greenspan et Strewler, 1997).

Les GCs jouent donc un rôle important dans le maintien de l'homéostasie du système cardiovasculaire.

I-1.4.4.4 Autres effets.

Les poumons, la peau, les os, les intestins et le système nerveux sont aussi des cibles des glucocorticoïdes. Les GCs ont été montrés comme nécessaires au développement pulmonaire (Grier et Halliday, 2004). D'autre part, un excès de GCs induit une fragilisation de la peau causée par une perte de collagène et de tissu conjonctif (Shibli-Rahhal et al, 2006). Les GCs favorisent la croissance et le développement, mais inhibent ces mêmes fonctions s'ils sont produits en excès (Binkley, 1995). En effet, un excès de GCs entraîne une perte osseuse sévère, en diminuant l'absorption de calcium par les intestins et en augmentant l'excrétion urinaire de calcium. Il a aussi été décrit que les GCs entrent dans le cerveau et qu'un excès ou une déficience de ces stéroïdes altèrent profondément le comportement et les fonctions cognitives (dépendance aux drogues, dépressions et troubles de l'anxiété). Le rôle physiologique précis des GCs dans le système nerveux central est en effet assez bien documenté, notamment grâce aux recherches du Dr F. Tronche et collaborateurs, portant sur l'étude de modèles animaux dans lesquels la voie de signalisation du RG est, soit abolie par l'invalidation du gène, soit exacerbée par sa surexpression conditionnelle dans des populations neuronales ciblées (Tronche et al, 1999; Kellendonk et al, 2002; Morozov et al, 2003; Izawa et al, 2006).

I-1.4.4.5 Rein.

La question des effets des GCs est très controversée dans la partie distale du néphron dite sensible à l'aldostérone (ASDN pour *Aldosterone-sensitive distal nephron*, qui sera détaillé au **paragraphe I-2**), du fait de la présence de l'enzyme de sélectivité, la 11β-HSD2, qui empêche ces derniers, alors métabolisés en composés inactifs, de se fixer au RM. Ainsi, dans la région ASDN, mais aussi dans tous les tissus qui expriment la 11β-HSD2, le RM devrait être occupé uniquement par l'aldostérone. Cependant, dans certaines conditions, il en est autrement.

Dans des conditions d'hypothyroïdie ou d'hyperinsulinisme, l'activité de la 11β-HSD2 est réduite et les GCs peuvent ainsi avoir des effets minéralocorticoïdes. Ils affectent alors la balance en eau et en électrolytes en augmentant la réabsorption de sodium ainsi que la sécrétion d'eau et de potassium (Clore et al, 1992; Binkley, 1995). Cette rétention sodée pourrait alors être liée à une stimulation du RM par les GCs et expliquerait l'hypertension observée au cours d'une administration prolongée de GCs.

Des travaux réalisés *in vitro* par Stokes et son équipe sur des cultures primaires de cellules de canal collecteur de rats, ont montré qu'un glucocorticoïde de synthèse, la dexaméthasone, induisait la stimulation du transport transépithélial de Na+, possiblement via l'activation des récepteurs RG (Husted et al, 1990; Laplace et al, 1992) Une autre étude réalisée *in vitro* par l'équipe de Rossier a aussi montré l'implication du RG dans le transport de sodium sur une nouvelle lignée de cellules de tubules collecteurs corticaux de souris (Gaeggeler et al, 2005). Les auteurs concluent qu'en situation de restriction de sel, la concentration d'aldostérone plasmatique s'élève et les deux récepteurs RM et RG sont occupés par l'hormone et permettraient le transport de Na+. En revanche, en situation de stress, les taux plasmatiques de GCs sont élevés et la protection par la 11β-HSD2 serait donc quasi nulle. Les GCs occuperaient ainsi à la fois le RM et le RG pour activer la transcription des différents gènes impliqués dans le transport de Na+ (Gaeggeler et al, 2005).

I-2 LE NÉPHRON DISTAL SENSIBLE À L'ALDOSTÉRONE (ASDN).

I-2.1 Généralités: Fonction et Régulation du rein.

Le rein est constitué de néphrons qui représentent des unités fonctionnelles. Le rein est un organe très vascularisé possédant une organisation interne spécialisée et structurée, lui permettant de remplir son rôle de « filtreur sanguin ». On peut distinguer macroscopiquement deux parties: la partie corticale renfermant les néphrons et la partie médullaire contenant les tubules collecteurs, les bassinets et la papille rénale (**Figure I.5**).

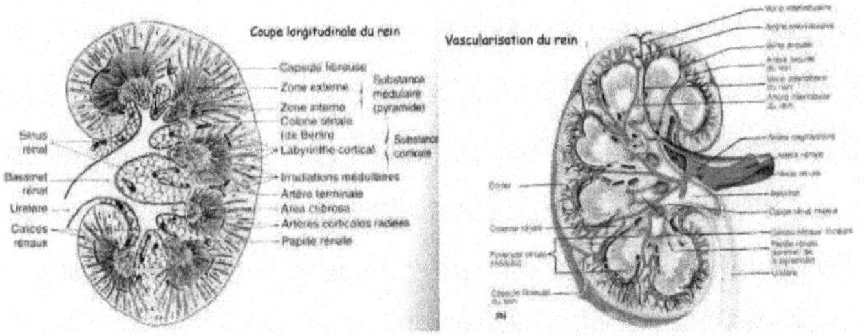

Fig I.5 Coupe longitudinale du rein et sa vascularisation

Le rein est constitué de néphrons qui représentent les unités fonctionnelles. On peut distinguer macroscopiquement deux parties : la partie corticale renfermant les néphrons et la partie médullaire contenant les tubules collecteurs, les bassinets et la papille rénale.

Le rein exerce des fonctions de régulation, de filtration et d'élimination. Il doit maintenir le volume et la composition électrolytique du plasma et des autres fluides corporels à des valeurs physiologiques, en tenant compte des variations imposées à chaque instant. De plus, il doit éliminer les déchets métaboliques endogènes et les toxines exogènes. Son rôle majeur dans l'homéostasie hydrosodée et sa production de facteurs vasoactifs, comme la rénine, les kinines et les prostaglandines, lui attribuent un rôle important dans la régulation de la pression artérielle systémique. D'un point de vue hémodynamique, 20% du débit cardiaque perfuse les reins. Ceci représente un débit sanguin d'environ 1000 mL/min à partir duquel sera produit à peu près 1 mL/min d'urine.

En conditions physiologiques, compte tenu des variations de la pression artérielle systémique, le rein possède de nombreux mécanismes de régulation de la circulation dans le but de maintenir un débit sanguin et un taux de filtration glomérulaire adéquats.

I-2.2 La rénine.

La rénine est libérée par les cellules granulaires de l'appareil juxta-glomérulaire selon leur degré d'étirement mécanique causé par les variations de la pression artérielle. Elle est sécrétée dans le sang, en réponse à divers stimuli (diminution de la perfusion sanguine, augmentation de calcium intracellulaire, diminution de sodium, stimulation β-adrénergique, l'ACTH) (Ganten et al, 1974). La rénine catalyse la transformation d'une protéine plasmatique, l'angiotensinogène (AGT), en angiotensine I. Cette dernière deviendra à son tour de l'angiotensine II (Ang II) sous l'action d'une enzyme de conversion (ACE pour *Angiotensin Converting Enzyme*) libérée dans le sang par l'endothélium des alvéoles pulmonaires (**Figure I.6**). La synthèse d'Ang II stimule la sécrétion, par le cortex surrénalien, d'aldostérone qui va, au niveau des tubes distaux, induire une réabsorption de sodium suivie d'eau. Cette eau passe dans le sang et l'augmentation du volume plasmatique qui en résulte augmente également la pression artérielle. L'Ang II peut aussi provoquer directement une augmentation de pression en induisant la contraction des cellules musculaires lisses de la paroi vasculaire (Unger et al, 1998).

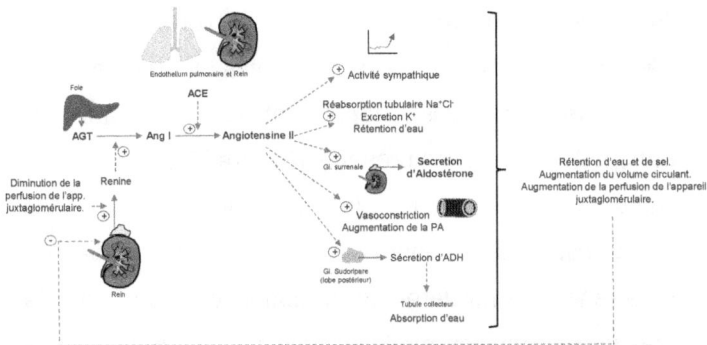

Fig I.6 Le système Rénine-Angiotensine-Aldostérone

La rénine transforme l'angiotensinogène en angiotensine I. Cette dernière est convertie à son tour en angiotensine II, sous l'action d'une enzyme de conversion (ACE). Il en résulte une augmentation de la sécrétion d'aldostérone par le cortex surrénalien.

I-2.3 Le tube rénal.

Le tube rénal est formé du tubule proximal, de l'anse de Henlé (descendante et ascendante), du tubule distal et du tubule collecteur (**Figure I.7.a**).

De façon schématique, la fonction du tube rénal est de

modifier la quantité et le contenu de l'ultrafiltrat glomérulaire, pour conduire à la formation de l'urine (**Figure I.7.b**). Ainsi, l'eau est réabsorbée avec les électrolytes alors que les déchets endogènes et exogènes, qui n'ont pas été filtrés par le glomérule, sont sécrétés à ce niveau. Ces actions confèrent donc à l'appareil tubulaire un rôle crucial dans le maintien de l'homéostasie hydro-électrolytique et l'élimination des déchets métaboliques. Les propriétés spécifiques des segments tubulaires dépendent des canaux et transporteurs ioniques présents (**Figure I.8**).

Dans ce manuscrit, je n'évoquerai que les caractéristiques fonctionnelles des différentes parties du tube rénal, et j'insisterai sur le tubule collecteur, dans la mesure où l'un des modèles étudiés dans mes travaux de thèse cible spécifiquement cette partie.

a)   b)

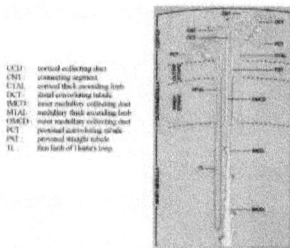 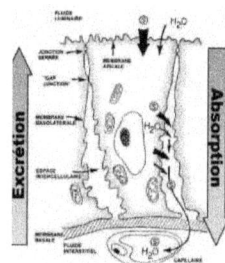

Fig I.7 Le tube rénal.
Source: Goldman. *Cecil Textbook of Medicine*, 22ème éd.

a) Schéma du tube rénal. Le tube rénal est constitué du tubule proximal (PCT), de l'anse de Henlé (TL) (descendante et ascendante), du tubule distal (DCT) et du tubule collecteur (CD).
b) La fonction tubulaire. Le tube rénal possède un rôle crucial dans le maintien de l'homéostasie hydro- électrolytique et l'élimination des déchets métaboliques.

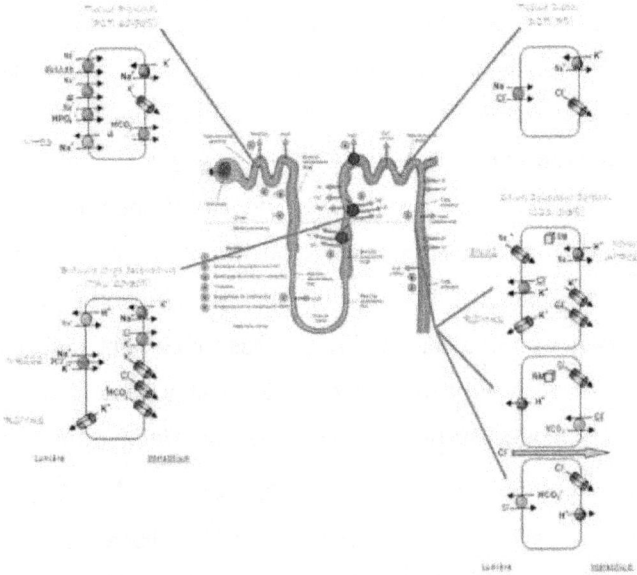

Fig I.8 La réabsorption de sodium le long du néphron.
(D'après Disse-Nicodeme, 2001)

Les pompes ATPases sont représentées en bleu, les échangeurs en orange, les co-transporteurs en rose et les canaux en arc-en-ciel. Le récepteur minéralocorticoïde (RM) est schématisé par un cube jaune. Le canal collecteur est constitué de trois types cellulaires: (de haut en bas sur la figure) les cellules principales et les cellules intercalaires de type A et B. Le sodium filtré par le glomérule est réabsorbé selon les pourcentages indiqués en vert.

I-2.3.1 Le tube contourné proximal (PCT).

Il récupère 60% du sodium et de l'eau filtrés par le

glomérule ainsi qu'une grande partie du glucose, du potassium, des phosphates, des acides aminés et des protéines.

Il réabsorbe une partie de l'urée et de la créatine. Il rejette par un système d'antiport le H+ et le K+. En cas d'acidose, il produit du NH4+ et il participe à la néoglucogenèse (Grantham et Wallace, 2002).

I-2.3.2 L'anse de Henlé (TAL).

Sur le plan fonctionnel, l'anse de Henlé joue un rôle important dans la concentration finale de l'urine en électrolytes. 30% du sodium filtré est réabsorbé à ce niveau. La partie descendante laisse librement diffuser l'eau mais peu d'électrolytes, le filtrat y devient donc hypertonique. Au niveau des anses de Henlé larges et ascendantes, il y a passage de Cl^-, Na^+ et K^+ mais pas de passage d'eau (Grantham et Wallace, 2002). L'interstitium devient hyperosmotique et le filtrat hypoosmotique.

I-2.3.3 Le tube contourné distal (DCT).

Le tube contourné distal fait directement suite à l'anse de Henlé à l'endroit où celle-ci remonte vers le glomérule. Les cellules du tube distal sont capables, sous l'action de l'aldostérone, de réabsorber activement le sodium (7%) et d'excréter du potassium, l'eau suivant passivement le sodium. Enfin le tube distal joue un rôle important dans le maintien de l'équilibre acide-base du sang, en sécrétant dans l'urine tubulaire des ions hydrogène et ammonium (Grantham et Wallace, 2002).

I-2.3.4 Les tubes collecteurs (CD).

Quittant les tubes distaux, l'urine pénètre dans des tubes collecteurs qui confluent les uns avec les autres pour devenir de plus en plus larges et finalement aboutir dans des tubes papillaires (ou de Bellini), dont les extrémités aboutissent à l'*area cribrosa*. Les tubes collecteurs occupent la plus grande partie de la région médullaire. Essentiellement rectilignes, les CD confluent vers le sommet des papilles rénales. Les plus petits ont un diamètre d'environ 40 µm et sont bordés d'une couche de cellules épithéliales principales et des cellules intercalaires. Les cellules intercalaires sont riches en anhydrase carbonique et jouent un rôle important dans le contrôle acido-basique. Au fur et à mesure que les tubes s'élargissent, pour atteindre un calibre maximum de 300 µm, les cellules bordantes deviennent de plus en plus hautes.

Les 2% de sodium restant sont réabsorbés au niveau du tubule connecteur (CNT) et du canal collecteur (CD).

Ainsi, le rein filtre environ 25 moles de sel par jour et moins de 1% sera finalement excrété dans les urines (Grantham et Wallace, 2002).

L'aldostérone agit à ce niveau sur les tubules rénaux pour diminuer l'excrétion de sodium et d'eau, et ainsi augmenter le volume sanguin, et contrôle la sécrétion de H+ et K+.

I-2.4 Action génomique de l'aldostérone dans le néphron distal.

L'aldostérone régule la réabsorption de sodium de l'urine vers le plasma dans le tubule collecteur cortical (CCD pour *Cortical Collecting Duct*) en induisant, en quelques heures, une augmentation de la réabsorption de Na+ par les cellules épithéliales principales (Bonvalet et al, 1995). Le canal épithélial à sodium sensible à l'amiloride, ENaC (*Epithelial sodium channel*), situé au niveau de la membrane apicale, ainsi que la pompe Na/K-ATPase, exclusivement basolatérale, représentent les principales cibles moléculaires du RM impliquées dans ce processus. Le canal apical ENaC permet l'entrée du sodium luminal dans la cellule, et la pompe Na/K-ATPase basolatérale permet l'extrusion du sodium vers les espaces extracellulaires.

L'ensemble de ces processus induit un gradient

transépithélial de la réabsorption de sodium depuis la lumière tubulaire vers le milieu intérieur. L'aldostérone joue ainsi un rôle essentiel dans l'homéostasie sodique, et par conséquent dans le contrôle de la volémie et de la pression artérielle (Bonvalet, 1998).

En parallèle, l'aldostérone favorise aussi l'excrétion de potassium par les cellules principales du CD en stimulant le canal potassique ROMK (Kir1.1 pour *Inward rectifying K channel*), situé du côté apical de la cellule (Yoo et al, 2003).

Des travaux réalisés *in vitro* sur des cultures primaires de tubules collecteurs de lapins, des lignées A6 de cellules distales d'amphibien et des lignées de cellules de tubules collecteurs de rat RCCD2 (pour *Rat Cortical Collecting Duct 2*) ont permis de décrire précisément l'action de l'aldostérone sur le transport de sodium (Fejes-Toth et Naray-Fejes Toth, 1987; Horisberger et Rossier, 1992; Djelidi et al, 2001). L'action de l'aldostérone s'articule en 3 phases:

1) une phase de latence d'environ 1h sans modification du transport de Na+

2) une phase précoce, 2h après stimulation par l'aldostérone, marquée par une augmentation du transport de sodium et une diminution rapide de la

63

résistance transépithéliale. Des protéines précocément induites ou des modifications de protéines préexistantes pourraient avoir lieu au cours de cette période sous l'action de l'aldostérone.

3) une phase tardive, caractérisée par un transport de sodium toujours élevé sans nouvelle modification de la résistance transépithéliale. La stimulation par l'aldostérone de la transcription de certaines sous-unités du canal ENaC et de la pompe Na/K-ATPase intervient au cours de cette phase augmentant ainsi leur synthèse protéique dans le CCD (Escoubet et al, 1997).

I-2.4.1 Le canal sodique apical sensible à l'amiloride (ENaC).

Dans le CNT et le CCD, le sodium du fluide tubulaire entre dans les cellules via le canal épithélial à sodium ENaC. Ce canal présente la spécificité d'être inhibé par l'amiloride. L'activité et l'expression du canal sont principalement régulées par deux hormones: la vasopressine et l'aldostérone. Dans le tubule distal, ENaC constitue l'étape limitante de la réabsorption du sodium qui est ensuite dirigé vers les espaces extracellulaires par la pompe Na/K-ATPase.

Le canal ENaC est composé de trois sous-unités (s.u)

homologues α, β et γ qui s'organisent en un complexe hétéro-tétramérique 2α/1β/1γ et qui ont été clonées à partir du colon de rat (Lingueglia et al, 1993; Canessa et al, 1994; Firsov et al, 1998; Rossier et al, 2002). Chaque sous-unité est constituée de:

- deux domaines transmembranaires
- une large boucle extracellulaire, comportant des sites de glycosylation
- deux régions conservées, riches en cystéine, lesquelles seraient impliquées dans l'adressage membranaire du canal (Firsov et al, 1999)
- et une partie intracellulaire formée par les extrémités N- et C- terminales, comportant des sites de régulation (Firsov et al, 1998). L'extrémité N-terminale contient des sites potentiels de phosphorylation, d'ubiquitination, et des résidus conservés par les trois sous-unités, importants dans le maintien de la probabilité d'ouverture du canal (Grunder et al, 1999). L'extrémité C-terminale possède deux domaines P1 et P2, riches en proline, dont la reconnaissance spécifique par des protéines régulatrices participerait à l'adressage et à la régulation du canal (Rotin et al, 1994; Staub et al, 1996). Seule la s.u α peut former des canaux fonctionnels.

L'aldostérone régule le canal ENaC de façon tissu-spécifique en stimulant soit la transcription de la s.u α du canal dans le CCD, soit la transcription des s.u β et γ dans le colon distal (Escoubet et al, 1997). Cette régulation différentielle pourrait s'expliquer par la coopération du RM avec des co-activateurs transcriptionnels exprimés de manière tissu-spécifique. L'aldostérone peut également agir de manière indirecte sur l'activité du canal ENaC, en stimulant la transcription de la kinase Sgk1 (*Serum- glucocorticoid-regulated kinase 1*) qui active le canal ENaC par phosphorylation (Naray-Fejes-Toth et al, 1999).

Les mutations perte de fonction retrouvées dans chacune des sous-unités du canal sont à l'origine de la forme récessive et sévère de pseudohypoaldostéronisme de type 1 (PHA1) caractérisée par une perte de sel et une déshydratation chez le nouveau-né (Chang et al, 1996; Strautniek et al, 1996). Des mutations gain de fonction ont été retrouvées sur le dernier exon des gènes des s.u β et γ et provoquent une activation constitutive du canal. Elles sont à l'origine du syndrome de Liddle, caractérisé par une hypertension précoce, une hypokaliémie associée à une alcalose métabolique et des taux bas de rénine et d'aldostérone (Hansson et al, 1995; Abriel et al, 1999). Ces mutations perturbent l'interaction du canal ENaC avec la protéine Nedd4.2, protéine qui, lorsqu'elle est active, entraîne l'ubiquitination et la dégradation du canal ENaC (Staub et al, 2000).

I-2.4.2 La pompe Na/K-ATPase basolatérale.

L'entrée apicale de sodium dans les cellules principales en réponse à une stimulation par l'aldostérone induit une augmentation de l'activité de la pompe Na/K-ATPase basolatérale (Blot-Chabaud et al, 1996). La pompe est composée de 2 s.u α et β et permet la sortie de 3 ions Na, contre l'entrée de 2 ions K en hydrolysant une molécule d'ATP (Horisberger et al, 1991). Elle possède une expression ubiquitaire et chacune de ses sous-unités présente plusieurs isoformes réparties dans différents tissus. Les isoformes $\alpha 1$ et $\beta 1$ sont exprimées dans la quasi-totalité des cellules alors que les isoformes $\alpha 2$, $\alpha 3$ et $\beta 2$ sont spécifiques des cellules excitables (neurones, cellules musculaires) (Sweadner, 1989). La s.u α assure la fonction enzymatique de la pompe alors que la s.u β assure le contrôle de sa durée de vie et son ancrage membranaire (Lingrel et Kuntzweiler, 1994). En plus de créer un gradient pour la réabsorption vectorielle de sodium dans certains épithélia de transport, le rôle fondamental de la pompe Na/K-ATPase est de maintenir de faibles concentrations intracellulaires de sodium (10-15M) ainsi que de fortes concentrations de potassium (100mM). La concentration intracellulaire de sodium régule instantanément l'activité de la pompe.

D'autre part, plusieurs équipes ont montré que l'aldostérone régulait au niveau du CCD l'expression des s.u de la pompe Na/K-ATPase. Dans la lignée de cellules d'amphibien A6, issues de la partie distale du néphron, l'aldostérone induit en quelques heures l'augmentation d'un facteur 2 à 4 la transcription des gènes des s.u α et β de la pompe (Verrey et al, 1989). Farman et ses collaborateurs ont montré que la quantité des messagers de la s.u $\alpha 1$ diminue dans le CD de rats surrénalectomisés (sans modification de la s.u $\beta 1$) et que cette baisse est compensée par l'apport exogène d'aldostérone (Farman et al, 1992, 1999). D'autre part, dans le CD des mammifères l'aldostérone induit une augmentation de l'ARNm et de l'expression de la protéine $\alpha 1$, qui conduit à une augmentation du nombre de pompes Na/K-ATPase au niveau de la membrane basolatérale permettant ainsi de constituer

68

un pool de réserve (Tumlin et al, 1994; Blot-Chabaud et al, 1990).

I-2.4.3 Le canal potassique apical ROMK.

En réponse à la réabsorption de potassium par la pompe Na/K-ATPase, au niveau du CD, le rein excrète du potassium en fonction de la prise alimentaire (Rabinowitz et al, 1988; Giebish, 1998). Cette fonction est en partie accomplie par les canaux potassiques ROMK (*renal outer medullary K channel*) exprimés au niveau de la membrane apicale des cellules des tubules collecteurs (**Figure I.2**). Désignés aussi sous le nom de KIR (*inward rectifying K channel*), les ROMK sont des canaux à rectification entrante régulés par l'ATP, de faible conductance et à forte probabilité d'ouverture. Les canaux ROMK ont été clonés à partir d'une banque d'ADNc de rein de rat (Ho et al, 1993). Plusieurs isoformes de ROMK ont été décrites et proviendraient d'un épissage alternatif du même gène (Shuck et al, 1994; Boim et al, 1995 ; Hebert, 1995). ROMK1 est spécifique du CD où il joue un rôle important dans la régulation du rapport entre la sécrétion du potassium et la réabsorption de sodium. L'isoforme ROMK3 s'exprime dans la branche ascendante large de l'anse de Henlé. Elle détermine le transport de sodium par le recyclage des ions K+ au travers de la membrane apicale, régulant ainsi le *turn-over* du co-transporteur Na/K/2Cl (ou NKCC2). Ce phénomène a aussi lieu dans le DCT. L'isoforme ROMK2 est exprimée dans chacun de ces segments. A l'état basal, les isoformes ROMK 2 et 3 seraient plus fortement exprimées que le variant ROMK1.

La sécrétion de potassium dépend non seulement des canaux potassiques, mais aussi du transport de Na+. Tous deux sont régulés par des facteurs métaboliques tels que des changements de la concentration cellulaire en ATP et du pH. Plusieurs hormones régulent ROMK, comme la vasopressine qui augmente l'activité du canal (Konstas et al, 2002). Des études récentes ont montré que ROMK pouvait être inhibé par une augmentation du calcium extracellulaire (Hebert, 2005). D'autre part, il semble exister une relation fonctionnelle entre la concentration cellulaire d'ATP (influencée par l'activité de la pompe Na/K-ATPase) et l'activité de ROMK. En effet, une augmentation d'activité de la pompe peut abaisser la concentration d'ATP et par conséquent augmenter l'activité de ROMK. En revanche, une diminution de l'activité de la pompe entraîne une augmentation de la concentration cytosolique en ATP et a pour résultat une diminution de l'activité de ROMK (Hebert et al, 1995, 2005).

Dans les cellules principales du tubule collecteur cortical, la relation entre les transports d'ions sodium et potassium est étroite. Le Na entre dans la cellule par l'intermédiaire des canaux ENaC et stimule le transport basolatéral du Na. L'activité stimulée de la Na/K-ATPase basolatérale conduit à une augmentation de l'accumulation de K+ dans la cellule puis à sa sécrétion dans la lumière tubulaire. Le Na+ peut affecter le transport de K+, soit par une augmentation de la charge en sodium délivrée par les segments proximaux, soit par l'activité augmentée des canaux ENaC apicaux. En effet, la charge sodée intratubulaire est un élément déterminant de la sécrétion du potassium dans le segment terminal du néphron (Hebert et al, 2005).

De plus, des anomalies héréditaires de ces canaux potassiques peuvent être responsables de perte de sel (Mazzuca et Lesage, 2007).

D'autre part, ROMK est également régulée par les isoformes 1 et 4 des sérine/thréonine kinases WNK (*With-No-lysine (K)*), dont les mutations causent une forme rare autosomique dominante d'hypertension artérielle hyperkaliémique. En effet, des expériences réalisées *in vitro* dans l'œuf de Xénope montrent que

WNK4 inhibe l'activité de ROMK, en diminuant le nombre de ces transporteurs présents à la membrane (Kahle et al, 2003). Indépendamment de WNK4, l'isoforme longue de WNK1, L-WNK1, est aussi capable d'inhiber ROMK, en stimulant son endocytose (Lazrak et al, 2006). Le mécanisme moléculaire responsable de cette inhibition n'est pas encore connu. L'isoforme rénale de WNK1, Ks-WNK1 (Ks pour *Kidney-specific*) lève l'effet inhibiteur de L-WNK1 sur ROMK (Huang et Kuo, 2007).

En résumé, les canaux potassiques ROMK sont un élément important dans le maintien de l'homéostasie rénale, et leur rôle ne serait pas seulement limité à la régulation de la sécrétion de potassium mais interviendrait aussi dans la régulation du transport de sodium.

I-2.5 Mécanismeenzymatique de sélectivité: la 11β-hydroxystéroïde déshydrogénase de type 2.

I-2.5.1 Mécanisme.

L'enzyme sélective 11β-HSD2 permet la dégradation des GCs en catalysant la conversion du cortisol/corticostérone en cortisone/11-déhydrocorticostérone en présence du cofacteur NAD+ (White et al, 1997). L'aldostérone, qui n'est pas métabolisée par cette enzyme du fait de l'existence d'un pont hémi-cétone entre les carbones 11 et 18, peut ainsi accéder aux sites de fixation du RM. En effet, le RM a la même affinité pour les 2 hormones, mais sa co-localisation avec la 11β-HSD2 indique que la réabsorption rénale de sodium est induite seulement par l'aldostérone liée au RM, et non par les GCs.

Les métabolites issus de la dégradation des GCs présentent une très faible affinité pour le RM et le RG et de ce fait, ne se fixent pas ou peu au RM et au RG (Funder et al, 1988; Bocchi et al, 2003; Rebuffat et al, 2004). Les GCs synthétiques comme la dexaméthasone sont métabolisés en 11-cétodexaméthasone par la 11β-HSD2, mais conservent leurs propriétés agonistes pour le RG (Rebuffat et al, 2004).

Le profil d'expression de l'enzyme 11β-HSD2 permettrait ainsi d'évaluer la spécificité d'action de l'aldostérone sur le RM dans différents tissus. En effet, chez la souris, la 11β-HSD2 est co-exprimée avec le RM dans le rein et les cellules endothéliales. En revanche, l'enzyme n'est pas présente dans les cellules musculaires lisses vasculaires, ainsi que dans le myocarde de rat où l'expression du transcrit de la

11β-HSD2 n'a jamais été mise en évidence, suggérant une occupation exclusive et totale du RM par les GCs dans ces tissus (Christy et al, 2003; Sheppard et Autelitano, 2002).

I-2.5.2 Physiopathologie : Syndrôme d'excès apparent de minéralocorticoïdes (AME pour Apparent Mineralocorticoid Excess).

Les patients souffrant du syndrome AME présentent une HTA associée à de faibles taux plasmatiques du système rénine-angiotensine-aldostérone, malgré la persistance d'une activité minéralocorticoïde rénale (Ulick et al, 1979). Le syndrome AME est de plus associé à une faible excrétion urinaire de cortisone (et de ses dérivés) tandis que la concentration de cortisol reste normale. Une étude réalisée par l'équipe de Stewart a révélé que l'ingestion chronique de réglisse donnait un tableau clinique similaire (Stewart et al, 1987) or les principes actifs de la réglisse, les acides glycyrrhizique et glycyrrhétinique, inhibent la 11β-HSD2. Chez tou ces patients, des mutations inactivatrices de l'enzyme ont pu être identifiées (Mune et al, 1995; Wilson et al, 1995; Draper et Stewart, 2005). Le lien de cause à effet a pu être établi à l'aide d'un modèle de souris où le gène codant pour la 11β-HSD2 est délété, et qui reproduit le

74

tableau clinique de ce syndrome (Kotelevtsev et al, 1999). Le mécanisme pathologique consiste en l'activation constante et inappropriée du RM par les GCs, ce qui conduit à une diminution importante du rapport sodium sur potassium urinaire. L'implication du RM dans ce syndrome a été mise en évidence par l'effet bénéfique du traitement des patients par la spironolactone (antagoniste du RM) (Draper et Stewart, 2005). De façon similaire, chez des rats surrénalectomisés traités par de la corticostérone et de la carbenexolone (inhibiteur de la 11β-HSD2), un antagoniste du RM corrige les excrétions sodées et potassiques (Souness et Morris, 1991).

En condition physiologique, l'activité de la 11β-HSD2 soulève la question de l'accès des GCs à leur récepteur RG. Une autre enzyme, la 11β-HSD1 (exprimée surtout dans le foie) catalyse la réaction inverse de la 11β-HSD2 et régénère des GCs actifs à partir de leurs formes inactives (Draper et Stewart, 2005). La co-localisation subcellulaire des deux enzymes et des récepteurs corticostéroïdes pourrait suggérer une possible coexistence des deux signalisations induites par le RM ou le RG. Ainsi, la 11β-HSD2 apparaît comme un facteur de régulation important du maintien de l'homéostasie du sodium et du potassium, complémentaire à l'action minéralocorticoïde de l'aldostérone (Yukinori et al, 2006).

I-2.5.3 Autres mécanismes.

Des mécanismes alternatifs ont également été proposés pour participer au maintien d'une spécificité d'action de l'aldostérone dans certains organes cibles.

Par exemple, Funder et ses collaborateurs ont proposé que la transcortine (CBG) participe à la sélectivité minéralocorticoïde, puisque 95% des GCs sont transportés dans la circulation sanguine sous forme liée à cette glycoprotéine, qui ne fixe pas en revanche l'aldostérone (Funder et al, 1973). Les GCs liés à la transcortine sont inactifs, donc cette dernière diminuerait la quantité de GCs susceptibles de lier le RM.

Des protéines de la famille des transporteurs membranaires ABC (*ATP binding cassette*) capables de lier l'ATP, interviendraient aussi dans un transport sélectif des corticostéroïdes. La glycoprotéine P, produit du gène *Mdr* (*multidrug resistance gene*) en est un exemple. Cette protéine est impliquée dans la résistance à des agents anticancéreux qu'elle exporte hors de la cellule pour en réduire la concentration cytosolique (Endicott et Ling, 1989). Un autre exemple peut être apporté avec une enzyme appartenant à la famille des cytochromes P450, la CYP3A5, qui jouerait un rôle semblable à celui de la 11β-HSD2. Elle catalyse l'hydroxylation des GCs en position 6. Dans les cellules rénales A6, il a été montré que la corticostérone induit un transport transépithélial de Na+, dû à l'activation du RG. La CYP3A5 est exprimée dans les cellules A6. Son inhibition induit un transport accru en réponse à la corticostérone, due à l'activation du RM. Ces résultats indiquent que la 6-hydroxycorticostérone, produit de la CYP3A5, est un métabolite actif pour le RG mais pas pour le RM (Morris et al, 1998). La CYP3A5 est aussi exprimée chez les Mammifères, au niveau du rein et des poumons (Smith et al, 1998; Gibson et al, 2002). Cependant cette enzyme métabolise aussi l'aldostérone. Son rôle dans la sélectivité du RM reste encore à confirmer.

I-2.5.4 Conclusion.

Plusieurs mécanismes peuvent donc participer à une sélectivité de liaison de l'aldostérone au RM. Toutefois, aucun ne semble suffisant pour assurer une spécificité stricte. De ce fait, l'aldostérone ainsi que les GCs peuvent se lier au RM dans les tissus cibles non classiques (cœur, vaisseaux), mais aussi dans une faible mesure, dans les tissus cibles classiques (rein, colon). Ceci nous conduit à nous poser les questions suivantes:

- les différents complexes hormone-récepteur activent-ils les mêmes gènes cibles ?

- l'activation du RM ou du RG par l'aldostérone ou par les GCs conduit-elle aux mêmes conséquences physiopathologiques ?

I-3 LES PROTEINES INDUITES PAR L'ALDOSTERONE (AIPS).

Les étapes de la réponse précoce de l'aldostérone sur le transport de sodium ne sont pas encore élucidées. L'activation des transporteurs ioniques impliqués dans la réabsorption de sodium (ENaC, Na/K-ATPase) impliquerait soit l'induction de plusieurs protéines par l'aldostérone (AIPs pour *Aldosterone-induced proteins*), soit des modifications post-traductionnelles de protéines (telles que des phosphorylations).

I-3.1 Sgk1 (Serum- and glucocorticoid-induced kinase).

Dans les cellules épithéliales, l'aldostérone régule l'activation de canaux ioniques nécessaires à l'homéostasie du sodium et potassium (Booth et al,

2002) via l'induction de l'expression d'une kinase induite par le sérum et les glucocorticoïdes, la Sgk1 (*Serum-and glucocorticoid-induced kinase 1*). Cette kinase active le canal sodique épithélial (ENaC) et va ainsi permettre la réabsorption du Na.

Les travaux des équipes de Snyder et de Staub ont permis d'avancer l'hypothèse que Sgk1 agirait directement sur une protéine appelée Nedd4.2, impliquée dans l'ubiquitination du canal ENaC (conduisant à l'internalisation et à la dégradation par le protéasome du canal ENaC) (Staub et al, 2000; Snyder et al, 2002; Debonneville et al, 2002). Les travaux de Brickley et ses collaborateurs ont montré qu'en phosphorylant la protéine Nedd4.2 sur des résidus sérine et thréonine, Sgk1 diminue la capacité de Nedd4.2 à se lier au canal ENaC diminuant ainsi son ubiquitination. En conséquence, Sgk1 stimule la réabsorption de sodium par rétention des canaux ENaC à la membrane plasmique (Brickley et al, 2002).

Récemment, Cobb et ses collaborateurs ont mis en évidence l'interaction de Sgk1 avec la kinase L-WNK1 entraînant l'activation subséquente de Sgk1 et du canal ENac épithélial (Xu et al, 2005).

I-3.2 GILZ (Glucocorticoid induced leucine zipper).

Les travaux de Robert-Nicoud ont porté sur l'analyse différentielle du transcriptome (par la méthode SAGE) de la lignée cellulaire mpkCCD$_{c}$14 de tubule collecteur murin, après 4h de stimulation par l'aldostérone (10^{-6}M) (Robert-Nicoud et al, 2001). Cette étude transcriptomique a permis d'identifier GILZ, dont la fonction reste à déterminer. La protéine GILZ a été identifiée comme un facteur de transcription impliqué dans la régulation de l'apoptose des cellules T, en interagissant avec le facteur nucléaire NFκB (Ayroldi et al, 2001). Son expression est augmentée par la dexaméthasone dans les thymocytes et les lymphocytes T périphériques (D'Adamio et al, 1997).

Une étude dans les cellules mpkCCD$_{c}$14 a démontré le rôle de cette protéine dans la régulation du transport de Na+, via la stimulation du canal ENaC. Le mécanisme impliquerait une inhibition de la signalisation de la kinase ERK (*Extracellular signal-regulated kinase*) (Soundararajan et al, 2005).

I-3.3 Autres AIPs (K-Ras, CHIF, NDRG2).

Le canal ENaC est également la cible de la protéine G monomérique Kirsten Ras (K-ras) dont l'expression est induite par l'aldostérone (Stockand et al, 1999).

L'aldostérone stimule aussi l'expression du facteur induit par les glucocorticoïdes (CHIF) qui régule l'activité de la pompe Na/K-ATPase au niveau de la membrane basolatérale et *in fine* l'activité des canaux potassiques donc l'excrétion de potassium au niveau luminal (Attali et al, 1995).

Boulkroun et ses collaborateurs ont identifié le gène *NDRG2* (*N-Myc downstream regulated gene 2*) comme cible du RM. Ce gène est induit précocément par l'aldostérone dans le CCD. Dans la lignée RCCD2, issue de tubules collecteurs de rat, 15 minutes de stimulation avec une dose physiologique d'aldostérone (1nM) suffisent à stimuler l'expression de *NDRG2*. Il s'agit d'un effet transcriptionnel dans la mesure où l'actinomycine D (inhibiteur de la transcription) prévient ce phénomène (Boulkroun et al, 2002).

Résumé du Chapitre I.

Dans cette première partie, nous nous sommes intéressés aux effets des hormones corticostéroïdes (aldostérone et glucocorticoïdes) et de leurs récepteurs minéralo- et gluco-corticoïdes dans le rein. Au niveau du canal collecteur cortical, site du contrôle de l'excrétion rénale de sodium et de potassium, la présence de l'enzyme 11β-HSD2 favorise une signalisation par le complexe aldostérone/RM. Le RM est un facteur de transcription hormono-dépendant, qui conduit à la réabsorption de sodium et à la sécrétion de potassium, ce qui permet à l'aldostérone de jouer un rôle important dans le contrôle de la volémie et de la pression artérielle.

Toutefois, des effets des glucocorticoïdes au niveau du CCD semblent possibles (Gaeggeler et al, 2005). *In vitro*, en l'absence de 11β-HSD2, les complexes aldostérone/RM et glucocorticoïdes/RG peuvent être équivalents puisqu'ils induisent une réponse identique au niveau du transport de sodium. Ainsi, dans le rein, le RM et le RG réguleraient des gènes cibles communs (en raison de séquences HRE communes), tels que le canal à sodium épithélial apical ENaC et la pompe Na/K-ATPase basolatérale.

Néanmoins, l'ensemble des effecteurs et cibles moléculaires du RM et du RG, dans le CCD, n'a pas encore été déterminé.

De ce fait, l'étude du rôle respectif du RM et du RG dans le CCD (balance RM/RG, rôle spécifique, compensation) apparaît intéressante et devrait permettre:

1) une meilleure compréhension des mécanismes mis en jeu dans le transport transépithélial de sodium

2) de préciser la spécificité d'action des hormones corticostéroïdes dans le rein.

CHAPITRE II – RÔLE PHYSIOPATHOLOGIQUE DE L'ALDOSTERONE ET DU RECEPTEUR MINERALOCORTICOÏDE DANS LE SYSTEME CARDIOVASCULAIRE.

En plus de son action dans le rein et dans les autres tissus épithéliaux comme le colon et les glandes sudoripares (tissus cibles classiques), l'aldostérone possède aussi un rôle, mis en évidence au cours de ces dix dernières années, au niveau de nouveaux tissus cibles dits « non classiques » tels que le cerveau, le cœur et les vaisseaux (Mc Ewen et al, 1986 ; Lombes et al, 1990, 1992; Young et al, 1994; Kayes-Wandover et White 2000; Funder et al, 1989, 2005). Son rôle au niveau de ces tissus « non classiques » restent cependant à définir. Nous nous intéresserons dans ce chapitre à l'action de l'aldostérone et du RM dans le cœur et dans les vaisseaux.

II-1 ALDOSTERONE ET CŒUR.

L'aldostérone peut agir directement sur le système cardiovasculaire (SCV) en modulant le tonus vasculaire et surtout la structure vasculaire et cardiaque par son action profibrotique. En effet, de récentes études pharmacologiques ont impliqués l'aldostérone dans des processus de remodelage artériel, avec des conséquences sur la pression artérielle et sur le remodelage myocardique et possiblement rénal (Struthers, 2002).

II-1.1 La fonction cardiaque.

Le système cardiovasculaire est constitué d'un réseau de vaisseaux sanguins organisés en circuit fermé. Le principal rôle du SCV est de fournir de l'oxygène et des nutriments aux différents tissus et ce via la mise en jeu d'une double circulation sanguine:

-une circulation systémique (entre le cœur et les tissus)

-et une circulation pulmonaire (entre le cœur et le poumon)

Chacun de ces deux compartiments (systémique et pulmonaire) est mis en mouvement par la pompe cardiaque, dont la fréquence de battement et le volume sanguin éjecté à chaque battement est contrôlé par le système nerveux autonome (SNA) (Izzo et Taylor, 1999).

Le débit artériel varie selon la fréquence cardiaque qui est elle-même régulée par le nœud sino-atrial situé dans l'oreillette droite et soumis au contrôle du SNA.

Le volume de sang éjecté dans la circulation systémique à chaque battement, ou volume d'éjection, dépend de trois facteurs: a) la précharge, ou volume de sang présent dans le ventricule gauche juste avant l'éjection (volume dépendant de la pression du retour veineux au cœur, dite pression veineuse centrale (PVCD); b) la contractilité du myocarde, sous la dépendance du SNA; c) la postcharge, ensemble des facteurs qui s'opposent au travail du cœur: résistance pariétale du ventricule, impédance de l'aorte et des résistances périphériques (ces dernières étant sous la dépendance du SNA).

Les territoires artériels et veineux des circulations systémiques et pulmonaires ont pour principale variable d'état la pression sanguine dont la pression artérielle systémique est la plus élevée et joue par conséquent un rôle majeur.

La pression artérielle (PA) est la force qu'exerce le sang sur la paroi des vaisseaux. Elle est produite par le débit cardiaque (DC) et dépend de la résistance des artères périphériques (RP).

$$PA = DC \times RP$$

La PA est maintenue à un niveau relativement constant, soit 120 mmHg, chez l'Homme, au cours de la systole (contraction du ventricule gauche) et 80 mmHg au cours de la diastole (relâchement du ventricule). Pour cela, l'organisme dispose de plusieurs mécanismes qui régulent le débit cardiaque et la résistance vasculaire périphérique. Ces mécanismes sont centraux, hormonaux et locaux et peuvent agir à court ou à long terme sur la PA.

La pression artérielle dépend de facteurs génétiques multiples et de facteurs environnementaux. Les valeurs de la pression artérielle varient en fonction de deux variables hémodynamiques: le volume sanguin et la résistance périphérique totale.

II-1.2 Etudes cliniques: RALES et EPHESUS.

Le traitement par des antagonistes du RM, en supplément d'une polythérapie, s'est révélé bénéfique dans au moins 2 essais cliniques, chez des patients en insuffisance cardiaque (RALES, *Randomized Aldactone Evaluation Study*) et chez des patients ayant subi un infarctus du myocarde récent (EPHESUS, Eplerenone Post-acute *myocardial infarction Heart failure Efficacy and SUrvival Study*) (Pitt et al, 1999, 2003).

II-1.2.1 Etude RALES.

L'objectif de l'étude RALES était de déterminer l'effet de l'adjonction d'un antagoniste du RM, la spironolactone,

87

à un traitement par des inhibiteurs de l'enzyme de conversion ACE (IEC pour *Inhibiteur de l'enzyme de conversion*) sur la mortalité des insuffisants cardiaques. Cette étude n'a inclu que des malades ayant eu une poussée récente d'insuffisance cardiaque au stade IV (nécessitant une hospitalisation) et des malades restant très limités par l'effort (stade III) malgré un traitement adapté (la classification de la New York Heart Association, *NYHA*, compte 4 classes au total). L'efficacité de la spironolactone a ainsi été testée en complément d'une polythérapie associant classiquement un diurétique, un IEC, et chez certains patients, un digitalique.

L'essai clinique a été interrompu au bout de 24 mois, après un bilan intermédiaire qui a montré que l'administration de spironolactone (25 mg/j en moyenne) diminuait de 30% le risque de mortalité et de 35% le risque d'hospitalisation pour raison cardiaque.

Les effets indésirables montrent la survenue d'une gynécomastie ou de douleurs mammaires pour 10% des patients sous spironolactone. Cet inconvénient serait lié à l'affinité de cet antagoniste pour les récepteurs aux androgènes et à la progestérone. En revanche, les hyperkaliémies n'ont pas été plus fréquentes (<2%) dans le groupe spironolactone comparé au groupe placebo.

La conclusion de cette étude est que le blocage du RM par la spironolactone, en addition à un traitement optimal (IEC + diurétique), permet de réduire la morbidité et la mortalité chez les patients souffrant d'insuffisance cardiaque sévère. La diminution de la mortalité concerne aussi bien les décès dus à une progression de l'insuffisance cardiaque que ceux imputés à une mort subite. La spironolactone à des doses faibles améliorerait donc l'efficacité des traitements classiques (**Figure II.1**).

II-1.2.2 Etude EPHESUS.

L'essai clinique EPHESUS a évalué l'effet de l'adjonction d'éplérénone, un antagoniste du RM plus sélectif que la spironolactone, à un traitement par les IEC et par les bêta- bloquants chez des patients ayant eu un infarctus du myocarde récent, et compliqué par une dysfonction systolique du ventricule gauche.

L'administration d'éplérénone (43 mg/j en moyenne) permet de réduire de 17% la mortalité cardiovasculaire, avec en particulier une diminution de 21% des morts subites (**Figure II.2**). Par rapport à la spironolactone, le traitement par l'éplérénone ne fait pas apparaître de gynécomastie. En revanche, l'incidence des hyperkaliémies est augmentée sous éplérénone, soulignant la nécessité d'une surveillance rapprochée de la fonction rénale et de la kaliémie chez les patients.

En conclusion, le traitement par l'éplérénone a pour bénéfice essentiel la réduction de mortalité due à des événements cardiovasculaires et la réduction du risque d'hospitalisation pour poussée d'insuffisance cardiaque. De plus, cette étude confirme l'absence d'effet anti-androgénique de l'éplérénone, contrairement à ce qui avait été observé dans l'étude RALES avec la spironolactone.

II-1.2.3 Conclusion.

Deux essais cliniques, RALES et EPHESUS, montrent que le traitement par un antagoniste du RM, respectivement la spironolactone ou l'éplérénone, permet de réduire la morbidité et la mortalité chez des patients souffrant d'insuffisance cardiaque. Le mécanisme responsable de ce bénéfice thérapeutique n'est pas clairement identifié, du fait de l'action pluritissulaire de l'aldostérone. En effet, l'action des antagonistes du RM dans le rein est possible. Un effet diurétique additionnel peut participer à une amélioration de la balance hydrosodée. De plus, dans l'étude RALES, la spironolactone induit une baisse des concentrations sériques des marqueurs de fibrose myocardique (Zannad et al, 2000). Cet effet bénéfique pourrait résulter à la fois d'une action directe sur le cœur et d'une action indirecte due au blocage du RM dans le rein. Il est ainsi difficile de faire la part entre un effet cardiaque propre et une combinaison d'effets périphériques, y compris rénaux, centraux et vasculaires.

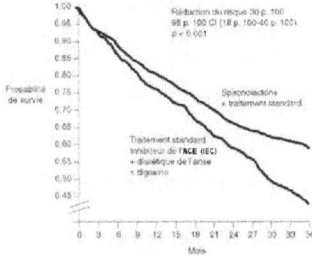

Fig II.1 Etude RALES: Courbes de survie dans les groupes spironolactone et placebo.
(D'après Pitt et al, 1999)
Le blocage du RM par la spironolactone permet de réduire le risque de mortalité (de 30%) chez les patients souffrant d'insuffisance cardiaque sévère, comparé à des patients recevant un traitement placebo.

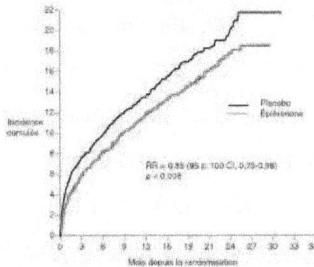

Fig II.2 Etude EPHESUS: Courbes de mortalité dans les

II-1.3 Modèles transgéniques.

Pour répondre à ces questions, l'analyse de modèles animaux génétiquement modifiés est une approche intéressante. Plusieurs modèles animaux transgéniques ont ainsi été développés pour explorer le rôle du RM. Ces modèles correspondent soit à une modulation globale de l'expression du RM dans tous les tissus de l'organisme soit à une modulation ciblée de l'expression du RM, de l'aldotérone synthase et de la 11β-HSD2 dans un type cellulaire donné (le cœur).

II-1.3.1 Modèles transgéniques globaux.

II-1.3.1.1 Modèle de surexpression globale du RM (P1-hRM).

Ce modèle a été obtenu par l'équipe de Marc Lombes, par surexpression du RM grâce à l'utilisation de l'un de ses promoteurs proximaux endogènes (P1) qui avait été préalablement caractérisé (Zennaro et al, 1996; Le Menuet et al, 2000). Les auteurs présentent les résultats obtenus dans deux lignées transgéniques indépendantes qui expriment le transgène RM notamment dans les testicules, les poumons, le cœur, le rein, le colon et le cerveau (Le Menuet et al, 2001). La surexpression globale du RM conduit à une atteinte rénale. L'analyse histologique des reins révèle une dilatation tubulaire avec la présence de cellules vacuolisées ou nécrotiques. Il n'apparaît pas de différence de filtration glomérulaire et du débit urinaire de Na par rapport aux contrôles. En revanche, l'excrétion urinaire de potassium et de chlore est diminuée de 30%. Comme la kaliémie est normale, ce résultat suggère une augmentation de la réabsorption de K+ pour palier une déplétion chronique. Pour des raisons inexpliquées, l'aldostéronémie augmente de 30% chez les souris transgéniques, participant probablement à l'activation du RM et à un déséquilibre de la balance Na/K. Ce phénotype rénal serait compatible avec les modifications morphologiques rénales observées chez des patients présentant un adénome surrénalien associé à une élévation des taux sériques et de l'excrétion urinaire d'aldostérone (Torres et al, 1990). Aucune fibrose n'est mise en évidence dans le myocarde des souris P1-hRM qui ne développent pas d'hypertension artérielle mais qui ont une fréquence cardiaque augmentée. Dans 15% des cas, les souris transgéniques ont des troubles du rythme: soit des arythmies, soit des salves de tachycardie. Ces observations vont dans le sens des effets bénéfiques du blocage du RM en clinique humaine (études RALES et EPHESUS) qui permettrait notamment une diminution des morts subites par trouble du rythme. L'étude échographique des souris transgéniques montre une cardiomyopathie dilatée modérée d'origine inconnue. Il est possible que le phénotype cardiaque soit davantage la conséquence du phénotype rénal que le reflet d'une action directe du RM dans le cœur. Les troubles du rythme cardiaque pourraient être secondaires aux possibles modifications de la balance potassique. L'absence de fibrose souligne que l'action du RM seul n'est pas suffisante pour induire ce remodelage.

II-1.3.1.2 Modèle d'invalidation du gène RM.

Les souris inactivées de manière constitutive pour le gène du RM (souris $RM^{-/-}$) développent, au cours de leur première semaine de vie, les symptômes du pseudohypoaldostéronisme et meurent autour de J10 post-partum (Berger et al, 1998). Des mesures réalisées à J8 post-partum montrent que les souris RM$^{-/-}$ sont hyponatrémiques, hyperkaliémiques, et hypovolémiques, comme en témoigne l'augmentation de l'hématocrite. L'hypovolémie et l'hyponatrémie ont pour conséquence d'activer considérablement le système rénine-angiotensine-aldostérone afin de restaurer le volume sanguin. Normale à la naissance, la concentration de rénine plasmatique devient, à J8 post-partum, 440 fois plus élevée chez les souris RM$^{-/-}$. La concentration d'Ang II augmente de 50 fois, et l'aldostéronémie suit en augmentant de 65 fois. L'analyse histologique révèle une hyperplasie des cellules productrices de rénine de l'appareil juxtaglomérulaire. La filtration glomérulaire ne diffère pas entre les souris contrôles et les souris RM$^{-/-}$, mais une fuite rénale de sodium, non compensée, est responsable de la mortalité.

L'équipe du Pr Corvol (Inserm U36, Collège de France) a exploré plus précisément le niveau d'expression des différents composants du SRAA dans ces souris RM$^{-/-}$ âgées de 8 jours. L'expression de la rénine est fortement stimulée dans la surrénale et dans le rein. De la même façon, l'expression de l'angiotensinogène et du récepteur AT1 est augmentée dans le foie. Les autres éléments du SRAA ne seraient pas affectés (Hubert et al, 1999).

L'étude de ce modèle montre que l'expression du RM est indispensable à la survie dans des conditions normales. L'administration d'un excès de sel aux souris RM$^{-/-}$ leur permet de survivre au-delà de 10 jours et d'atteindre l'âge adulte.

Récemment, l'équipe de Schütz à Heidelberg (Allemagne) a développé un modèle conditionnel (utilisation du système Cre/LoxP) d'inactivation du gène du RM dans le rein, à l'aide du promoteur du gène de l'aquaporine 2 (*AQP2*) (Ronzaud et al, 2007). Le gène *AQP2* code pour un canal responsable du transport de l'eau, coexprimé avec le canal apical sodique ENaC au niveau des cellules principales du canal collecteur (CD) et du tubule connecteur (CNT).

Contrairement aux souris RM$^{-/-}$ décrites précédemment, les souris invalidées pour le gène du RM spécifiquement dans les cellules principales rénales (MR^{AQP2Cre}), survivent et se développent normalement. En conditions basales, les souris MR^{AQP2Cre} ne présentent pas d'altération de l'excrétion sodée. Toutefois, sous régime hyposodé, les souris MR^{AQP2Cre} ont une excrétion urinaire de sodium et d'eau plus élevée de 70% par rapport aux souris contrôles, soumises au même régime, avec une prise de nourriture et de boisson comparable. Cette perte massive d'eau et de sel est associée à une perte de poids continue et une hyperkaliémie. D'autre part, sous régime standard et hyposodé (pendant 10 jours), les souris MR^{AQP2Cre} montrent une aldostéronémie dix fois plus élevée par rapport aux souris contrôles.

De manière surprenante, l'activité du canal ENaC est conservée chez les souris MR^{AQP2Cre}. Les auteurs montrent, par immunohistochimie, que les 3 sous-unités du canal ENaC sont présentes dans la partie terminale du tubule distal et la partie initiale du CNT, ce qui permettrait d'assurer la réabsorption de sodium chez les souris MR^{AQP2Cre}. Ils émettent l'hypothèse de l'existence de mécanismes de compensation au niveau de la partie terminale du DCT et de la partie initiale du CNT. Sous régime hyposodé, les souris MR^{AQP2Cre} n'arrivent plus à compenser la perte spécifique du RM dans la partie terminale du CNT et du CD.

L'étude de ce modèle montre pour la première fois, *in*

vivo, le rôle crucial du RM dans la régulation de la réabsorption de sodium via le canal ENaC.

II-1.3.2 Modèles transgéniques conditionnels ciblés.

Les effets multiples de l'aldostérone ainsi que la distribution tissulaire large du RM compliquent l'analyse de leur contribution spécifique à la physiopathologie cellulaire et/ou tissulaire. Les modèles transgéniques conditionnels et/ou inductibles permettent un contrôle spatio-temporel de l'expression du gène d'intérêt spécifiquement dans des cibles sélectionnées, mais également un contrôle précis de l'expression au cours du temps. L'approche ciblée évite la possibilité de phénomènes secondaires dus aux altérations de l'homéostasie ionique ou aux perturbations globales induites par l'aldostérone, et se focalise sur le rôle spécifique du RM dans les cardiomyocytes.

II-1.3.2.1 Modèle de sous-expression conditionnelle du RM dans le cœur.

Le laboratoire du Dr Jaisser a développé un modèle conditionnel (utilisation du système inductible tétracycline OFF) de sous-expression du RM spécifiquement dans les cardiomyocytes, par expression d'un ARN antisens du RM endogène de souris grâce au promoteur α*MHC* (Yu et al, 1996 ; Beggah et al, 2002). La diminution de moitié de l'expression du RM est associée au développement d'une cardiopathie hypertrophique dilatée sévère conduisant au décès des animaux. L'examen histologique révèle une désorganisation importante et un remodelage du tissu myocardique associé à une fibrose interstitielle majeure. L'analyse histologique indique qu'il n'y a pas de remodelage vasculaire (fibrose) ni de nécrose. L'analyse fonctionnelle par échocardiographie révèle des signes patents d'insuffisance cardiaque au niveau de la fraction d'éjection et de la vitesse de raccourcissement des fibres cardiaques qui sont diminuées. Il est important de noter que cette atteinte sévère du myocarde se développe en absence de modification de la pression artérielle et de la concentration circulante en hormones corticostéroïdes. De plus, le traitement des souris par la spironolactone (20mg/kg/j) aggrave le phénotype, en augmentant l'index cardiaque et la fibrose. L'administration de la Doxycycline (Dox), dès l'accouplement, puis au cours de la vie, prévient l'apparition du phénotype. La Dox administrée pendant 1 mois aux animaux malades permet une régression totale de la fibrose, de l'hypertrophie du myocarde et le recouvrement de la fonction cardiaque.

Dans le **modèle du rat aldo/sel**, l'hyperaldostéronisme provoque une fibrose interstitielle et périvasculaire réversible par le traitement des animaux par la spironolactone. Dans ce modèle, la forte stimulation du RM exprimé dans les cardiomyocytes favorise l'apparition d'une fibrose cardiaque. Dans le modèle de sous-expression du RM, l'expression d'un ARN antisens du RM induit une diminution de l'activité de ses voies de signalisation et également une fibrose. Ces données apparaissent contradictoires, mais ne le sont pas forcément, si l'on considère que dans le modèle aldo/sel, la concentration plasmatique de l'hormone ainsi que la teneur en sel sont modulées, alors que le modèle de sous-expression du RM concerne uniquement le récepteur, sans modification des taux plasmatiques de l'aldostérone.

D'autre part, dans les cardiomyocytes, aucune activité 11β-HSD2 n'a pu être démontrée, ainsi les GCs pourraient se lier au RM. Il est donc possible que la sous-expression du RM dans les cardiomyocytes entraîne un déséquilibre du ratio RM/RG, se traduisant par une hyperactivité RG. Cette hypothèse sera explorée dans le **chapitre VII** à l'aide d'une approche génétique de surexpression du RG dans les cardiomyocytes (permettant de s'affranchir de la toxicité des inhibiteurs du RG). J'ai participé à la caractérisation du phénotype moléculaire de ces dernières souris au cours d'un travail qui a fait l'objet d'une publication récente (Sainte-Marie et al, 2007, publication dans le **Chapitre VII**).

II-1.3.2.2 Modèle de surexpression conditionnelle du RM dans le cœur.

Un modèle en miroir a été développé par l'équipe de Frédéric Jaisser, permettant la surexpression inductible du RM dans les cardiomyocytes (souris αMHC-tTA/tetO-hRM) (Ouvrard-Pascaud et al, 2005). J'ai participé au début de ma thèse à la caractérisation moléculaire du modèle (publication dans le **Chapitre VII**). Les résultats montrent que les souris surexprimant le RM présentent une mortalité embryonnaire entre les jours E12.5 et E14.5 de développement. Cette mortalité disparaît après administration de Dox ou de spironolactone. L'histologie cardiaque des souris est normale (pas de fibrose, ni d'inflammation), ce qui suggère un défaut fonctionnel et non structural. L'analyse de l'électrocardiogramme (ECG) montre un trouble de la repolarisation (allongement de l'intervalle QT), ainsi que la présence d'extrasystoles ventriculaires responsables du phénotype de mortalité. En effet, la mortalité des souris peut également être prévenue par l'administration d'un β-bloquant agissant sur l'arythmie. Il faut noter que l'aldostéronémie et les ionogrammes sont normaux chez ces souris, indiquant que les troubles du rythme ne sont pas secondaires à une modification des balances ioniques. Des expériences réalisées sur des cardiomyocytes isolés de souris αMHC-tTA/tetO- hRM ont montré que les troubles de la conduction sont associés à des modifications électrophysiologiques par allongement de la durée du potentiel d'action. L'étude des courants ioniques responsables du potentiel d'action révèle une augmentation du courant calcique de type L et une diminution du courant potassique précoce (Ito). Ces modifications des courants ioniques peuvent être prévenues par la spironolactone, démontrant l'implication de l'activité du RM, *in vivo*, dans le développement du phénotype cardiaque. La surexpression du RM dans les cardiomyocytes conduit donc à un important remodelage ionique à l'origine des troubles du rythme.

II-1.3.2.3 Modèle de surexpression de l'aldosynthase

dans le cœur.

Ce modèle, développé par l'équipe du Dr Claude Delcayre, correspond à la surexpression cardiaque de l'aldostérone synthase (CYP11B2) (Garnier et al, 2004). Il permet d'étudier les effets d'une concentration cardiaque d'aldostérone plus élevée (1,7 fois) sans modifier l'aldostéronémie. L'analyse phénotypique des souris mâles ne révèle pas de remodelage ni de dysfonction cardiaques. En revanche, l'étude de la fonction coronaire a montré que le flux coronaire mesuré sur les cœurs isolés perfusés est réduit de 55% chez les mâles transgéniques. En réponse à l'acétylcholine, la dilatation des artères coronaires est quasiment abolie chez les animaux transgéniques. De plus, la dilatation coronaire maximale obtenue en réponse à un donneur de NO est réduite de 75%. Ces résultats indiquent que la réponse au NO des cellules musculaires lisses vasculaires (CMLv) est profondément altérée chez les mâles surexprimant l'aldostérone synthase dans les cardiomyocytes. En revanche, les courants ioniques des cardiomyocytes ainsi que leur capacité contractile ne sont pas modifiés. Ce modèle souligne l'importance des CMLv comme cible de l'aldostérone. Les auteurs montrent une implication des canaux potassiques calcium-dépendants de grande conductance (BKCa) dont l'expression est diminuée (Ambroisine et al, 2007). De plus, le phénotype semble être spécifique du genre puisque l'étude du modèle chez les femelles ne conduit pas aux mêmes résultats. En effet, la fonction coronaire, chez les femelles surexprimant l'aldosynthase, n'est pas altérée.

Dans ce modèle, il est encore difficile de comprendre par quels mécanismes exacts l'aldostérone, surexprimée spécifiquement dans le cœur, influe sur la fonction des artères coronaires. D'autre part, dans ce modèle il n'y a pas de fibrose, alors que dans le modèle aldo/sel, l'hyperaldostéronisme conduit à une fibrose interstitielle et périvasculaire. Cette absence de fibrose pourrait être due à l'augmentation modeste de la concentration cardiaque de l'aldostérone, ou encore elle pourrait être liée au fait qu'il n'y a pas d'interaction avec le sel, comme dans le modèle aldo/sel. Cette question reste pour le moment inexpliquée.

II-1.3.2.4 Modèle de surexpression de la 11β-HSD2 dans le cœur.

Ce modèle permet la surexpression de l'enzyme la 11β-HSD2 dans les cardiomyocytes, sous contrôle du promoteur αMHC (Qin et al, 2003). La 11β-HSD2 assure la conversion des glucocorticoïdes en métabolites inactifs, favorisant en conséquence la liaison de l'aldostérone au RM. Les souris transgéniques développent une cardiopathie hypertrophique dilatée sévère qui progresse avec le temps en une insuffisance cardiaque. Les souris meurent prématurément entre 4 et 6 mois. Une fibrose interstitielle importante est observée, associée à une augmentation de l'expression des messagers des collagènes de type I et III. En revanche, il n'y a pas de fibrose périvasculaire. L'étude échocardiographique révèle une augmentation majeure de la taille du ventricule gauche, avec des fractions d'éjection et de raccourcissement effondrées.

Un traitement par l'éplérénone (200 mg/kg/j), entre 1 et 3.5 mois, améliore la condition physique de ces souris transgéniques. En effet, l'hypertrophie cardiaque diminue de 25%, la fraction d'éjection augmente de manière importante, et les marqueurs de l'insuffisance cardiaque ainsi que l'expression des collagènes sont diminués. La pression artérielle et les ionogrammes ne sont pas différents entre les souris transgéniques et les souris contrôles. Cependant, les souris transgéniques traitées par l'éplérénone présentent une kaliémie plus élevée que les souris contrôles recevant ce même composé, traduisant une plus grande sensibilité des souris transgéniques vis-à-vis de cet inhibiteur pharmacologique.

En conclusion, les résultats obtenus dans ce modèle sont la conséquence de l'activation délétère du RM par l'aldostérone. La 11β-HSD2 surexprimée au niveau des cardiomyocytes a ainsi permis de déplacer la liaison des glucocorticoïdes-RM en faveur de la liaison aldostérone-RM.

II-1.3.2.5 Conclusion.

Les modèles transgéniques ciblés sont donc complémentaires des autres modèles animaux. L'interprétation de ces différents modèles, globaux et ciblés, reste toutefois difficile en raison de la description des phénotypes disparates. En effet, on peut remarquer que l'expression d'un transgène, spécifiquement surexprimé dans le cœur, conduit à des modifications de fonction dans d'autres territoires tissulaires, comme cela a été montré par exemple pour la surexpression d'aldostérone synthase spécifiquement dans les cardiomyocytes et l'altération de la réponse vasculaire coronaire qui est associée.

II-2 ALDOSTERONE ET VAISSEAUX.

II-2.1 Les vaisseaux sanguins.

106

L'histologie des vaisseaux sanguins est relativement simple. A l'exception des capillaires, la paroi des vaisseaux se compose de 3 couches ou tuniques principales : l'intima, la média et l'adventice (**Figure II.3**). L'intima est la couche la plus interne de la paroi vasculaire. Elle est en contact avec la circulation sanguine et se compose d'une monocouche de cellules endothéliales qui tapissent entièrement la surface interne des vaisseaux sanguins. La média, composée de fibres élastiques et de cellules musculaires lisses, est notamment responsable de la contraction des vaisseaux sanguins. Enfin, la paroi vasculaire est recouverte de l'adventice, tissu conjonctif riche en fibres de collagène et en fibres élastiques. On peut en général distinguer deux types d'artères: les artères de conductance et les artères de résistance. Les artères dites de conductance, comme l'aorte, possèdent une média contenant une plus grande densité en fibres élastiques et ont pour principale fonction d'assurer le transport du sang vers les différents lits vasculaires. En revanche, les artères dites de résistance, tel que le lit

artériel mésentérique, contiennent plus de cellules musculaires lisses, leur conférant ainsi une activité vasomotrice. Leur principale fonction est donc de contrôler le débit sanguin et de maintenir la pression artérielle pour assurer *in fine* une perfusion adéquate des organes et des tissus (Michel et al, 1996).

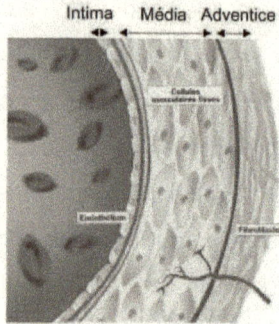

Fig II.3 Schéma de la paroi artérielle.
(D'après Michel, 1996)
La paroi des vaisseaux est composée de trois couches principales: l'intima, la média et l'adventice.

II-2.2 L'endothélium vasculaire.

II-2.2.1 Structure et fonction de l'endothélium.

Les cellules endothéliales se trouvent à l'interface entre le compartiment sanguin et les cellules musculaires lisses vasculaires. L'endothélium possède de nombreuses fonctions telles que la régulation de la vasomotricité par la libération d'agents vasoactifs, la perméabilité vasculaire, ou encore la coagulation sanguine. Au demeurant, l'endothélium vasculaire peut être considéré comme le plus important « organe » endocrine du corps humain, sécrétant des agents vasoactifs impliqués dans le mécanisme d'autorégulation de la pression artérielle (Halcox et Quyyumi, 2003).

II-2.2.2 Dysfonction endothéliale.

L'altération de la fonction endothéliale est reliée à de nombreuses maladies cardiovasculaires dont l'HTA, le diabète, les maladies coronariennes, les maladies vasculaires périphériques et l'insuffisance rénale chronique (Endemann et Schiffrin, 2004).

Initialement, la dysfonction endothéliale a été démontrée chez les patients atteints d'HTA. Chez ces sujets, on observe une diminution de la vasorelaxation endothélium-dépendante, suite à une stimulation par l'acétylcholine (Ach) (Panza et al, 1990). Puisque l'Ach conduit à l'augmentation de la production vasculaire de NO, il a été suggéré que la biodisponibilité du NO puisse jouer un rôle crucial dans le maintien de la fonction endothéliale.

Dans les pathologies cardiovasculaires, le stress oxydatif est considéré comme un dénominateur commun sous-jacent à la dysfonction endothéliale (Griendling et Fitzgerald, 2003).

Cependant la dysfonction endothéliale est un désordre aux multiples facettes: selon la pathologie, le lit vasculaire considéré, le stimulus, les facteurs environnementaux (tels que l'âge, le sexe, la charge en sel ou encore la glycémie), les mécanismes mis en jeu lors d'une dysfonction endothéliale peuvent être très différents (Feletou et Vanhoutte, 2006).

Ainsi, i) une réduction de la biodisponibilité du NO par la production d'inhibiteurs endogènes des enzymes responsables de la synthèse du NO (NOS *pour nitric oxide synthase*); ii) une augmentation du stress oxydatif par la synthèse de cytokines, de molécules d'adhésion ou de PAI-1 (inhibiteur des activateurs du plasminogène de type 1); iii) une production de substances vasoactives telles que l'Ang II ou l'endothéline-1 (ET1) peuvent individuellement ou en association contribuer à la survenue d'une dysfonction endothéliale (Endemann et Schiffrin, 2004).

D'autre part, Félétou et Vanhoutte concluent sur le rôle clé de l'inflammation qui inerviendrait comme un précurseur de la dysfonction endothéliale, mais le lien précis entre dysfonction endothéliale et inflammation restent mal compris (Satar, 2004; Feletou et Vanhoutte, 2006).

L'altération de la fonction endothéliale résulte donc d'une diminution de la relaxation dépendante de l'endothélium et est en partie responsable de l'augmentation de la résistance vasculaire périphérique, du remodelage de la paroi des vaisseaux et du processus d'athérosclérose associés au développement précoce et à la progression de l'HTA (Boulanger, 1999).

II-2.3 La cellule musculaire lisse vasculaire (CMLv).

II-2.3.1 Structure et fonction de la CMLv.

Fusiformes et organisées en feuillet, les CMLv sont reliées entre elles par une matrice, composée d'une lame basale et de fibres de collagène et d'élastine, formant ainsi la « média » du vaisseau. Elles contiennent des filaments d'actine et de myosine à activité ATPasique contrôlée par le calcium, qui leur confèrent des propriétés contractiles. La CMLv est en effet capable de se contracter et de se dilater. Elle a ainsi pour fonction principale d'assurer la régulation du débit sanguin et de la pression artérielle.

Les marqueurs de différenciation de la CMLv sont ceux de l'appareil contractile de la cellule, tels que l'actine du muscle lisse, la smoothéline B, la chaîne lourde de la myosine et la desmine. Certains de ces marqueurs, excepté la myosine, peuvent aussi être exprimés dans d'autres types cellulaires telles que les cellules endothéliales, ce qui explique que l'utilisation d'un seul marqueur ne permet pas de différencier la CMLv d'un autre type cellulaire. Cependant, l'actine du muscle lisse est le marqueur le plus fréquemment utilisé car elle représente la protéine majoritaire de la CMLv (Toussaint et al, 2003).

II-2.3.2 Mécanisme de la contraction/relaxation de la CMLv.

L'état de contraction des CMLv dépend de la concentration de Ca2+ cytoplasmique ainsi que de la sensibilité de l'appareil contractile au Ca2+.

II-2.3.2.1 Homéostasie du calcium intracellulaire des CMLv.

Dans la CMLv, l'élévation de la concentration de Ca2+ intracellulaire cytosolique peut être due soit à une dépolarisation de la membrane soit à l'action d'agents vasoconstricteurs (Itoh et al, 1982; Chadwick et al, 1990; Serebryakov et Takeda, 1992). Cette augmentation de calcium intracellulaire est due à l'entrée du calcium extracellulaire dans la CMLv ou à la libération du calcium par le réticulum sarcoplasmique (RS). La concentration cytosolique de Ca2+ passe d'environ 80-200 nM à l'état basal à environ 500-700 nM à l'état activé par un stimulus vasoconstricteur. Elle est donc à la fois plus faible que la concentration extracellulaire (1 à 2 mM) et plus faible que la concentration de Ca2+ présent dans les stocks intracellulaires du RS (10 à 15 mM) (Toussaint et al, 2003; Wray et al, 2005). Il existe plusieurs canaux calciques responsables de l'élévation de la concentration Ca2+ cytosolique dont notamment:

- les canaux voltage-dépendants, tel que le canal calcique de type-L, exprimés à la membrane de la CMLv.

- et les canaux calciques situés au niveau de la membrane du RS tels que les canaux sensibles à la ryanodine (RyR) et les canaux récepteurs à l'inositol 3-phosphate (IP3R),

Inversement, le Ca2+ peut aussi entrer dans le RS par les pompes SERCAs (*Sarco endoplasmic reticulum calcium ATPases*) et sort de la cellule par différents échangeur (Na+/Ca2+) ou pompes (Ca2+-ATPase) (Bolton, 2006)

II-2.3.2.2 Mécanisme moléculaire de la contraction de la CMLv.

Le Ca2+ intracellulaire, complexé à la calmoduline (une molécule de calmoduline pour 4 ions Ca2+) active la kinase de la chaîne légère de la myosine (MLCK pour *Myosin light chain kinase*). La phosphorylation de la chaîne légère de la myosine par la MLCK est nécessaire à l'interaction actine-myosine et donc à la contraction de la CML (Ikebe et al, 1987, Horowitz et al, 1996). Dans la CMLv, l'activité de la MLCK est en contrebalancée par une phosphatase, la MLCP (*Myosin light chain phosphatase*), qui va déphosphoryler la myosine et provoquer la rupture de l'interaction actine-myosine. Contrairement à la MLCK, l'activité de la MLCP est indépendante de la concentration en calcium. Le fonctionnement de l'appareil contractile du muscle lisse nécessite l'inhibition de la MLCP, notamment par l'acide arachidonique ou la mise en jeu de petites protéines G telle que RhoA. Cette dernière active une protéine kinase associée à Rho (ROK) qui vient inhiber l'activité de la MLCP (Kimura et al, 1996; Feng et al, 1999). D'autres protéines telles que la tropomyosine, la calponine et la caldesmone, sont associées au filament fin d'actine et jouent un rôle dans la contraction de la CMLv (**Figure II.4**) (Marston et al, 1998).

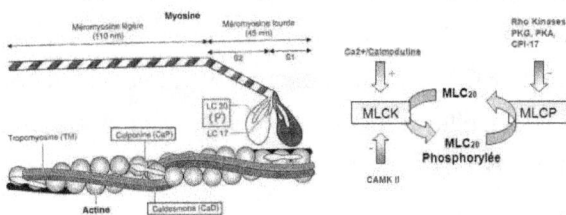

Figure II.4 L'appareil contractile du muscle lisse.

L'appareil contractile du muscle lisse est très différent de celui du muscle strié squelettique ou du muscle cardiaque. Il est composé de myofilaments épais de myosine et de myofilaments fins d'actine. Ces derniers sont liés à la tropomyosine (TM), et au contraire du muscle strié, il n'y a pas de troponine.

D'autres molécules sont présentes, en particulier la calponine (CaP) et la caldesmone (CaD). La calponine est une molécule apparentée à la troponine I, elle se lie à l'actine F dont elle modifie la conformation, empêchant ainsi le glissement entre actine et myosine (Schéma de gauche).

La régulation de la contraction du muscle lisse est principalement dépendante de la phosphorylation des chaînes légères de la myosine (de 20KDa, MLC20). Cette phosphorylation de la MLC20 est sous la dépendance de 2 enzymes, la kinase (MLCK) et la phosphatase (MLCP) des chaînes légères de la myosine. L'activité de la MLCK est régulée par le complexe Ca2+/calmoduline et une kinase dépendante de ce complexe (CamK II). La MLCP est régulée par différentes kinases et protéines (Schéma de droite).

II-2.3.2.3 Relaxation de la CMLv.

Dans le cas de l'action d'un agent vasodilatateur, la relaxation peut être due à 3 mécanismes distincts: i) la baisse de la concentration de Ca2+ intracellulaire; ii) la baisse de la sensibilité au Ca2+ de l'appareil contractile; iii) l'action directe du Ca2+ sur des protéines du cytosquelette.

La baisse de la concentration de Ca2+ intracellulaire a lieu, soit par l'expulsion du Ca2+ hors de la cellule (échangeurs et pompes), soit par le recaptage du Ca2+

intracellulaire dans le RS via les pompes SERCAs. Dans certaines CMLv, comme celles de l'aorte, c'est l'isoforme SERCA2a qui est exprimée (Zarain-Herzberb et al, 1990). Cette dernière est inhibée quand elle est liée à une protéine déphosphorylée, le phospholamban (PLB).

Lorsque le PLB est phosphorylé (par la PKA, PKC, PKG ou la Ca2+/Calmoduline kinase II), il perd son affinité pour la SERCA2a et conduit à la baisse de Ca2+ intracellulaire et à la vasorelaxation (Mc Lennan et al, 1985; Woodrum et al, 2001).

De plus, l'effet inhibiteur de la ROK sur la MLCP peut être prévenu par la PKG qui peut phosphoryler la sous-unité de liaison de la myosine de la MLCP (MYPT1). La MLCP devient alors active et entraîne la rupture de l'interaction actine-myosine, ce qui désensibilise la réponse de l'appareil contractile (Torrecillas et al, 2000).

II-2.3.3 Rôles des canaux potassiques (K$_{Ca}$).

La relaxation des vaisseaux met aussi en jeu l'activation de canaux potassiques voltage- dépendants sensibles au Ca2+ (K$_{Ca}$), situés au niveau de l'endothélium et de la CMLv. L'activation de ces canaux conduit à l'hyperpolarisation des cellules vasculaires (Michelakis et al, 1997).

En fonction de leur niveau de conductance, on distingue trois types de canaux K_{Ca}: les canaux de faible conductance (SK_{Ca} (2-25 pS)), de moyenne conductance (IK_{Ca} (25-100 pS)) et de grande conductance (BK_{Ca} (100-300 pS)) (Nilius et Droogmans, 2001).

II-2.3.3.1 La famille des canaux SK_{Ca}.

Les canaux SK_{Ca} et IK_{Ca} sont formés de 6 segments transmembranaires séparant les domaines N- et C-terminaux. Ils partagent les mêmes caractéristiques à savoir, une insensibilité au voltage et une sensibilité au $Ca2+$intracellulaire complexé à la calmoduline. En revanche, leur sensibilité à différents antagonistes pharmacologiques diffère. En effet, les canaux SK_{Ca} (SK1, SK2 et SK3) sont sensibles à l'apamine, alors que les canaux IK_{Ca} sont sensibles à la charybdotoxine (Bond et al, 1999; Jensen et al, 2001).

Les canaux SK_{Ca} et IK_{Ca} sont exprimés majoritairement au niveau de la membrane des cellules endothéliales vasculaires (Quignard et al, 2000). L'isoforme 3 du canal SK_{Ca} a été montrée comme jouant un rôle important dans la régulation du tonus vasculaire. En effet, les souris déficientes pour le gène SK3 sont hypertendues et présentent une

117

vasoconstriction augmentée en réponse à des concentrations croissantes de phényléphrine, ainsi qu'une modification de leur structure vasculaire (Taylor et al, 2003).

II-2.3.3.2 Les canaux BKCa.

Le canal BKCa est formé par deux sous-unités (s.u) α et β. Les s.u α du canal BKCa sont codées par le gène *Slo* (pour *Slowpoke*) et forment un pore de 11 segments hydrophobes (S0 à S10) (Orio et al, 2002).

Les s.u β correspondent aux s.u régulatrices des canaux BKCa et participent à la sensibilité au voltage et au Ca2+ de ces canaux. La s.u β possède 8 isoformes, codées par 4 gènes *Kcnmb* (Jiang et al, 1999; Orio et al, 2002). Ces s.u contiennent 2 domaines transmembranaires connectés par une boucle extracellulaire et sont associées au domaine transmembranaire S0 ainsi qu'à la partie N-terminale de chaque s.u α (**Figure II.5**).La s.u β1 est prédominante dans le muscle lisse et en particulier dans la cellule musculaire lisse vasculaire (Jiang et al, 1999). Son expression a été montrée comme étant régulée par les oestrogènes (Valverde et al, 1999). La s.u β1 a pour rôle principal de conférer aux canaux BKCa une sensibilité au calcium et au

118

voltage membranaire (Tanaka et al, 1997). En effet, au niveau de la CMLv, les canaux BK_{Ca} se trouvent à proximité des sites de libération calcique du RS, et peuvent donc être soumis à des concentrations importantes de Ca. Ceci entraîne une sortie massive d'ions K+ (Brenner et al, 2000). De plus, l'entrée de Ca dans la CMLv induit une dépolarisation qui peut contribuer à l'activation des canaux BK_{Ca}. Ainsi, l'activation des canaux BK_{Ca} constitue une contre-régulation des canaux Ca voltage-dépendants, avec lesquels ils colocalisent à la membrane (Orio et al, 2002).

Les souris déficientes en s.u β1 ($BK\beta1^{-/-}$) développent une hypertension, des réponses vasoconstrictrices augmentées et une diminution de la sensibilité au Ca^{2+}. Les auteurs ont mis en évidence chez ces souris $BK\beta1^{-/-}$ un défaut du couplage entre les sparks calciques et les courants potassiques sortants (STOC) (Pluger et al, 2000). De plus, une autre étude réalisée chez ces mêmes souris $BK\beta1^{-/-}$ a mis en évidence une dysfonction endothélium-dépendante due à une augmentation d'expression et d'activité de la NADPH oxydase entraînant une augmentation de la production d'anions superoxydes (Oelze et al, 2006). Enfin, l'hypertension chez ces souris BKβ1$^{-/-}$ a été associée à un hyperaldostéronisme primaire, mais les mécanismes moléculaires responsables de ce phénotype restent à déterminer (Sausbier et al, 2005). De façon intéressante, la délétion du gène *Slo* chez la souris entraîne aussi une hypertension accompagnée d'une incontinence urinaire grave, d'une dysfonction érectile et de la mort de l'animal après deux mois pour des raisons non encore élucidées (Meredith et al, 2004; Sausbier et al, 2004 ; Werner et al, 2005).

Les activateurs pharmacologiques des canaux BK$_{Ca}$ agissent en prolongeant l'ouverture du canal, ce qui induit l'augmentation de la sortie d'ions K+ et donc l'hyperpolarisation de la cellule (Ghatta et al, 2006). Ils représentent ainsi des outils thérapeutiques intéressants dans le traitement de l'hypertension. Parmi les activateurs synthétiques, les molécules dérivées du benzimidalazone (comme le NS1619, le plus spécifique) sont les plus puissantes (Olesen et al 1994). Inversement, les inhibiteurs des canaux potassiques KC$_a$ se lient au pore du canal afin de bloquer son ouverture et de l'inactiver. Les inhibiteurs sont pour la plupart des dérivés de toxines de scorpion tel que l'ibériotoxine qui représente un antagoniste sélectif des canaux BKCa. (Galvez et al, 1990). En résumé, de nombreuses données mettent en avant le rôle prépondérant des canaux SKCa et BKCa dans le maintien du tonus vasculaire et notamment dans la régulation de la fonction endothéliale (**Figure II.6**).

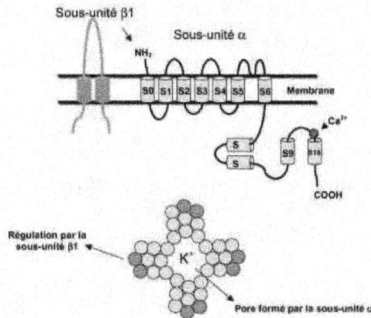

Figure II.5 Structure des canaux BK$_{Ca}$ dans la CMLv.

a) Sous-unités des canaux BK$_{Ca}$: domaines transmembranaires et site de fixation du calcium. **b) Structure tridimensionnelle des deux sous-unités α et β, associées au canal :** les sous-unités α sont représentées par les ronds bleus clairs, les sous-unités β sont représentées par les ronds verts.

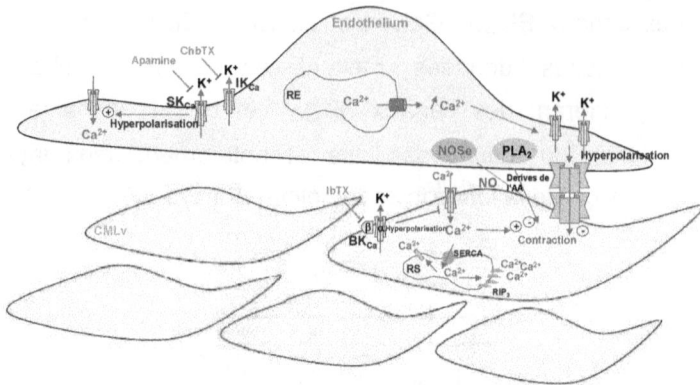

Figure II.6 Mécanisme d'action des canaux potassiques Ca2+-dépendants.

(D'après Ledoux et al, 2006)

ChbTX: Charybdotoxine; IbTX: ibériotoxine; CMLv: cellule musculaire lisse vasculaire; SK_{Ca}: Ca^{2+}- activated small conductance K+ channel; IK_{Ca}: Ca^{2+}- activated intermediate conductance K+ channel; BK_{Ca}: Ca^{2+}-activated big conductance K+ channel; PLA2: phospholipase A2; NOSe: NO synthase endothéliale.

II-2.4 La communication endothélium - CMLv.

Il existe un dialogue entre les cellules endothéliales et les cellules musculaires lisses vasculaires. Le facteur hyperpolarisant dérivé de l'endothélium (EDHF) participe à cette communication myoendothéliale lors des réponses vasorelaxantes. Une augmentation de la concentration de Ca dans la cellule endothéliale induit une hyperpolarisation endothéliale qui est transmise à la cellule musculaire lisse notamment par la mise en jeu de ce facteur EDHF.

Pour déterminer la nature de ce facteur EDHF qui n'est pas encore précisément définie, plusieurs hypothèses sont à l'heure actuelle envisagées: i) rôle des jonctions gap, ii) accumulation des ions K+ dans l'espace intercellulaire, iii) production d'acides époxyeicosatriénoïques (EETs), dérivés instables de l'acide arachidonique, produits par la cytochrome P450 monooxygénase (Mc Guire et al, 2001), iv) rôle du peroxyde d'hydrogène H2O2 (Matoba et al, 2000).

Les cellules endothéliales expriment les canaux SK_{Ca} et IK_{Ca}, mais peu ou pas les canaux BK_{Ca}. A l'inverse, les CMLv expriment les canaux BK_{Ca}, mais peu ou pas les canaux SK_{Ca} et IK_{Ca} (Quignard et al, 2000). On peut alors considérer que les canaux SK_{Ca} et IK_{Ca} sont spécifiques des cellules endothéliales et les canaux BK_{Ca} sont spécifiques des CMLv.

II-2.4.1 Les jonctions gap.

Les jonctions gap sont des canaux formés par l'agencement de protéines appelées connexines telles que les connexines 37, 40 et 43, majoritaires au niveau vasculaire (Dhein, 2004). Ces jonctions gap permettent le passage de petites molécules et d'ions qui vont conduire à la transmission de l'hyperpolarisation de la cellule endothéliale à la cellule musculaire lisse. Le nombre de jonctions gap est corrélé positivement avec l'importance de la composante EDHF au niveau vasculaire (Sandow et Hill, 2000). De plus, au niveau des artères de résistance, des inhibiteurs des jonctions gap inhibent les réponses attribuées à l'EDHF (Chaytor et al, 1998; Yamamoto et al, 1999).

II-2.4.2 Les ions potassium.

Les ions K+ *per se* peuvent être responsables de la transmission de l'hyperpolarisation de la cellule endothéliale vers la CMLv. En effet, l'ouverture des canaux endothéliaux SK_{Ca} et IK_{Ca} entraîne une fuite de K+ intracellulaire qui va venir s'accumuler dans l'espace intercellulaire, c'est-à-dire entre l'endothélium et les CMLv. Ceci provoque donc l'hyperpolarisation des CMLv (Edwards et al, 1998).

II-2.4.3 Les dérivés de la cytochrome P450 monooxygénase.

Des expériences réalisées sur des gros troncs coronaires d'origine canine, porcine ou bovine, suggèrent que le facteur EDHF pourrait être un acide époxyeicosatriénoïque, dérivé de la cytochrome P450 monooxygénase, qui après synthèse et sécrétion par

124

l'endothélium aurait pour cible la CMLv et entraînerait son hyperpolarisation en activant une conductance potassique (Campbell et al, 1996; Quilley et Mc Giff, 2000).

II-2.4.4 Conclusion

Un modèle expliquant les hyperpolarisations dépendantes de l'endothélium est proposé par la **Figure II.7**. Lors des réponses vasorelaxantes, l'augmentation de la concentration de Ca intracellulaire au sein des cellules endothéliales est suivie de l'activation des conductances potassiques endothéliales (par SK_{Ca} et IK_{Ca}) et de l'hyperpolarisation de la cellule endothéliale. Cette hyperpolarisation peut ensuite se propager vers les CMLv via les jonctions gap et/ou une fuite d'ions K+ et l'accumulation de ces derniers dans l'espace intercellulaire et/ou la libération endothéliale d'EETs dans le milieu extracellulaire.

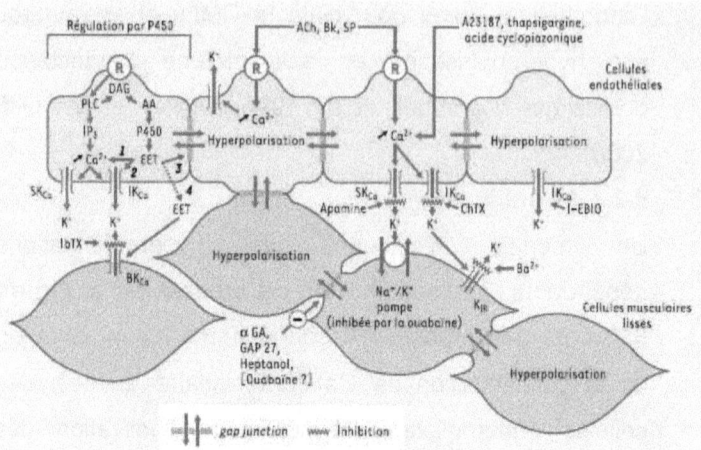

**Figure II.7 La communication entre endothélium et CMLv:
modèle proposé.**

(D'après Vanhoutte, 2004)

Les hyperpolarisations endothélium-dépendantes sont induites par une augmentation de la concentration du Ca^{2+} intracellulaire, au sein des cellules endothéliales. Il s'en suit une activation des canaux potassiques endothéliaux SK_{Ca} et IK_{Ca} et l'hyperpolarisation de la cellule endothéliale. Cette hyperpolarisation peut se propager vers les cellules musculaires lisses vasculaires (CMLv) via: 1) des jonctions gap myoendothéliales 2) l'accumulation de K^+ dans l'espace intercellulaire 3) les acides époxyeicosatriénoïques (EETs) qui activent les canaux BK_{Ca} situés sur la CMLv. L'hyperpolarisation des CMLv induit alors une relaxation de la paroi vasculaire, en diminuant la concentration de Ca^{2+} intracellulaire. A23187: ionophore calcique; AA: acide arachidonique ; ACh: acétylcholine; BK: bradykinine; DAG: diacylglycérol; EET: acide époxyeicosatriénoïque; IP3: inositol triphosphate; P450: cytochrome P450 mono- oxygénase ; PLC: phospholipase C; R: récepteur ; SP: substance P.

L'ibériotoxine (IbTX) est un inhibiteur spécifique des BK_{Ca}. La charybdotoxine (ChTX) est un inhibiteur des 3 canaux K_{Ca} (BK_{Ca}, IK_{Ca} et SK_{Ca}) de certains canaux potassiques dépendants du potentiel. L'apamine est un inhibiteur spécifique des SK_{Ca}. L'1-éthyl-2-benzimidazolinone (1-EBIO) ouvre les canaux IK_{Ca}. L'ouabaïne, à des concentrations submicromolaires, est un inhibiteur de la Na/K-ATPase. Le baryum (Ba^{2+}), à des concentrations millimolaires, est un inhibiteur relativement spécifique des canaux K_{IR}. Le Gap27, un peptide de 11 acides aminés possédant une homologie de séquence avec une portion de la seconde boucle extracellulaire d'une connexine, le 18α-glycyrrhetinic acid (αGA), ainsi que l'heptanol sont des inhibiteurs de *gap junctions*.

126

II-2.5 Systèmes et facteurs impliqués dans le contrôle de la fonction vasculaire.

Les cellules endothéliales vasculaires produisent de nombreux facteurs vasoactifs qui jouent un rôle crucial dans la régulation du tonus vasculaire. Parmi les agents vasoconstricteurs d'origine endothéliale on identifie l'Ang II, l'endothéline (ET-1), le thromboxane A2 (TXA2), la prostaglandine PGF2. En contrepartie, les agents vasodilatateurs produits par l'endothélium comprennent le monoxyde d'azote (NO), les prostacyclines (en particulier, la PGI2) et le facteur hyperpolarisant dérivé de l'endothélium (EDHF) (Halcox et Quyyumi, 2003).

En condition physiologique normale, il existe un équilibre précis entre la production des facteurs vasoconstricteurs et vasodilatateurs locaux, tel qu'illustré par la **Figure II.8**. La résultante de cet équilibre détermine alors le tonus vasculaire. Par exemple, une légère élévation de l'ET-1 induit une relâche immédiate de NO qui contrecarre les effets vasoconstricteurs de ce premier (Onoue, 1999; Dumont et al, 2001).

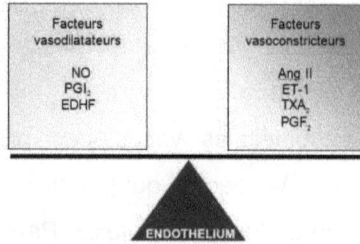

Fig II.8 Facteurs vasoconstricteurs et vasorelaxants.
Schéma représentant l'équilibre des facteurs vasoactifs endothéliaux, observés
en conditions normales. Ang II: Angiotensine II; ET1: Endothéline 1; TXA2:
Thromboxane A2; PGF2: Prostaglandines F2 ; NO: oxyde nitrique; PGI2:
Prostacycline; EDHF: Facteur hyperpolarisant dérivé de l'endothélium

II-2.5.1 Le système rénine-angiotensine (SRA) classique et tissulaire.

L'activation de la voie de signalisation de l'angiotensine II peut expliquer une partie des effets cardiaques de l'aldostérone observés dans les modèles animaux décrits dans le **paragraphe II-1.3**.

II-2.5.1.1 Biosynthèse de l'angiotensine II.

Depuis sa découverte et jusqu'à récemment, on considère le SRA à l'image d'un système uniquement endocrine qui contrôle la pression sanguine et l'homéostasie des électrolytes et de l'eau. C'est pourquoi, on confère au SRA un rôle majeur dans le développement de l'HTA et des maladies cardiovasculaires (Kim et Iwao, 2000).

Plus récemment, il a été décrit que l'Ang II pouvait être

128

synthétisée localement dans de nombreux tissus comme le cerveau, le poumon, les artères, le cœur, le rein ou encore le pancréas, arborant une action autocrine, paracrine et possiblement intracrine (Lavoie et Sigmund, 2003; Danser, 2003).

Les composants nécessaires à la synthèse d'Ang II sont:

i) l'angiotensinogène (AGT), dont l'expression a été décelée dans plusieurs tissus et qui peut donc être produit localement ou provenir du foie, son lieu de synthèse majeur (Campbell et Habener, 1986)

ii) la rénine synthétisée et sécrétée essentiellement par le rein. La rénine transforme l'AGT en angiotensine I (Ang I)

iii) l'enzyme de conversion (ACE pour *Angiotensin Converting Enzyme*), purifiée et clonée dans le laboratoire du Pr Corvol. Elle transforme l'Ang I en Ang II. Au niveau tissulaire, l'Ang II peut être synthétisée par d'autres protéases locales autres que l'ACE, comme la tonine, la chymase et la cathepsine selon l'espèce (Liao et Husain, 1995).

Par ailleurs, il a été démontré que l'AGT et la rénine circulante peuvent traverser l'endothélium vasculaire par diffusion, contribuant ainsi à la génération d'Ang II tissulaire (van den Eijnden et al, 2002). Contrairement au SRA circulant, le SRA tissulaire procure une action plus tonique et localisée (Campbell, 1987). Son implication a été démontrée dans de nombreux processus physiopathologiques dont l'HTA, l'athérosclérose, l'inflammation, la thrombose, l'hypertrophie ventriculaire et l'insuffisance rénale (Phillips, 2003).

II-2.5.1.2 Effets vasculaires de l'angiotensine II.

L'Ang II agit sur ses cellules cibles par l'intermédiaire de 2 récepteurs à sept domaines transmembranaires, AT1R et AT2R, qui présentent une affinité équivalente pour l'Ang II. La plupart des actions aiguës de l'Ang II visent à maintenir le tonus vasculaire et le volume sanguin circulant. Ces actions incluent une vasoconstriction, une sécrétion d'aldostérone, une rétention hydrosodée et une libération de vasopressine (AVP).

Au niveau vasculaire, l'Ang II peut contribuer à l'épaississement ainsi qu'à la rigidité de la paroi artérielle; elle peut aussi être en partie responsable de la dysfonction endothéliale et du stress oxydatif induits au cours du développement de l'HTA (Kim et Iwao, 2000).

De manière indirecte, l'Ang II participe à la dysfonction

endothéliale, en augmentant la sécrétion d'ET-1, des espèces réactives de l'oxygène et des cytokines tel que le facteur de croissance TGF-β (*transforming growth factor-β*) (Scott-Burden et al, 1991; Fakhouri et al, 2001). Le **tableau 1** résume les effets vasculaires directs de l'Ang II.

Effet vasculaire	Mécanisme
Vasoconstriction	Activation du récepteur AT1
	Production d'ET-1, de norépinéphrine et de l'ADH
	Réduction de la biodisponibilité du NO par la production de radicaux libres
Inflammation	Activation de la NAD(P)H oxydase et production de superoxydes
	Induction de facteurs pro-inflammatoires (TNF-α, IL-6)
	Activation de monocytes/macrophages
Remodelage	Stimulation de la migration, de l'hypertrophie et de la prolifération cellulaire
	Induction de PDGF, TGF-β
Thrombose	Stimulation de PAI-1
	Activation de l'agrégation/adhésion plaquettaire par la diminution du NO

Tableau 1- Effets vasculaires de l'Ang II.
(D'après Dzau, 2001)

II-2.5.2 L'endothéline-1 (ET-1).

II-2.5.2.1 Biosynthèse.

Découverte par Yanagisawa en 1988, l'endothéline est un peptide fortement vasoconstricteur composé de 21 acides aminés et produit principalement par les cellules endothéliales (Yanagisawa et al, 1988). Il existe 3 isoformes d'endothéline: ET-1, ET-2 et ET-3. Toutes sont produites à partir d'un précurseur, la préproendothéline (203 acides aminés), transformée en *big*-ET inactive (38 acides aminés) puis en endothéline par l'enzyme de conversion de l'endothéline (ECE) (D'Orléans-Juste et al, 2003).

L'ET-1 est produite majoritairement dans les cellules endothéliales, mais aussi dans le cerveau, le rein et le cœur (Haynes et Webb, 1998). Pour leur part, l'ET-2 et l'ET-3 sont exprimées dans le rein, le cerveau, les surrénales et l'intestin (Brenner et Rector, 2004). En conditions physiologiques, la production endothéliale d'ET-1 est augmentée par plusieurs stimuli tels que les forces de cisaillement, l'hypoxie ainsi que par nombre de facteurs humoraux et de cytokines (AngII, vasopressine, catécholamines, thrombine, insuline, cortisol, IL-1 et TGF-β) (Rossi et al, 1999; Alonso et Radomski, 2003 ; Schiffrin, 2003).

Il a été démontré que l'ET-1 exerce ses effets de façon paracrine: produite par la cellule endothéliale, elle agit sur les cellules musculaires lisses adjacentes et sa concentration plasmatique demeure relativement basse (Anderson, 2003). Sa production par l'endothélium est contrebalancée par la libération de NO et de PGI2. Plusieurs auteurs pensent que la balance NO/ET-1 est l'élément crucial dans le maintien de l'homéostasie cardiovasculaire et son dérèglement serait à la base de la dysfonction endothéliale (Alonso et Radomski, 2003).

II-2.5.2.2 Actions et implications vasculaires de l'ET-1.

Les endothélines agissent via 2 récepteurs à 7 domaines transmembranaires couplés aux protéines G: ET_A et ET_B (Sakura et al, 1992). Leur voie de signalisation cellulaire implique l'activation de la phospholipase C, la mobilisation du calcium intracellulaire, l'activation de la protéine kinase C, la stimulation de l'antiport Na^+/H^+ et l'alcalinisation intracellulaire (Schiffrin, 2003).

Au niveau de la CML, la liaison de l'ET-1 aux récepteurs ET_A ou ET_B génère une vasoconstriction. Au contraire, au niveau de la cellule endothéliale, la liaison de l'ET-1 sur le récepteur ET_B induit notamment une libération de NO ce qui génère une réponse vasodilatatrice (D'Orléans-Juste et al, 2002; Schiffrin, 2003).

Ces actions antagonistes suggèrent que l'ET-1 joue un rôle important dans le maintien du tonus vasculaire et de la pression artérielle en condition physiologique normale.

II-2.5.3 Le Monoxyde d'azote (NO).

II-2.5.3.1 Biosynthèse du NO.

Découvert par Furchgott et Zawadzki, en 1980, le monoxyde d'azote (NO), alors connu sous le nom de facteur relaxant dérivé de l'endothélium (EDRF pour *endothelium- derived relaxing factor*) est une molécule gazeuse qui peut agir à l'intérieur comme à l'extérieur des cellules et qui possède un large spectre d'actions physiologiques (**Figure II.9**) (Furchgott et Zawadzki, 1980).

En outre, parce que le NO est un puissant vasodilatateur endogène, on considère que la baisse de sa biodisponibilité peut être en partie responsable de l'élévation des résistances périphériques (Mc Intyre et al, 1999).

Le NO est synthétisé par une enzyme, la NO synthase (NOS) qui catalyse l'oxydation de la L-arginine en L-citrulline, formant ainsi du NO (Xia et al, 1998). On connaît actuellement 3 isoformes de NOS, codées par 3 gènes distincts: la NOS endothéliale (eNOS), la NOS neuronale (nNOS) et la NOS inductible (iNOS).

II-2.5.3.2 Action vasculaire du NO.

La eNOS ou NOS 3 est exprimée constitutivement notamment au niveau des cellules endothéliales vasculaires et dans les myocytes. L'expression de la eNOS dépend du Ca^{2+} intracellulaire et de la calmoduline (Vanhoutte, 2003). L'enzyme peut être inhibée de façon compétitive par des analogues synthétiques de son substrat la L-arginine tel que le N(G)-nitro-L-arginine méthyl ester (L-NAME) ou le N(G)-monométhyl-L-arginine (LMMA). Le NO joue un rôle majeur dans le contrôle du tonus vasculaire et de la pression artérielle, comme l'indique les effets hypertenseurs d'une perfusion d'un inhibiteur de la eNOS (Mishra et al, 2008). D'autre part, les souris invalidées pour le gène de la eNOS présentent une hypertension (Huang et al, 1995).

De plus, l'inhibition de la libération de NO potentialise les réponses vasocontrictrices et abolit ou inhibe partiellement la relaxation endothélium-dépendante induite par de nombreux agonistes (**Figure II.12**) (Dhaliwal et al, 2007).

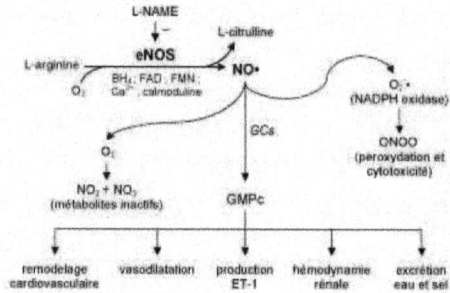

Fig II.9 Actions physiologiques de la synthèse de monoxyde d'azote.

Synthèse, dégradation et actions physiologiques de NO. BH4: tétrahydrobioptérine, FAD: flavine adénine dinucléotide, FMN: flavine mononucléotide, GCs: guanylate cyclase soluble, ONOO⁻: peroxynitrite, L-NAME: analogue synthétique de la L-arginine inhibant eNOS.

II-2.5.4 Les eicosanoïdes.

Les eicosanoïdes comprennent les prostaglandines (PGs), la prostacycline (PGI2), le thromboxane (TX) et les leucotriènes (LT). Ils sont dérivés de l'acide arachidonique ou eicosatétraénoïque. La biosynthèse des eicosanoïdes débute par l'action d'une phospholipase qui va libérer l'acide arachidonique des phospholipides membranaires. La voie des cyclooxygénases permet de transformer cet acide arachidonique en produits actifs tels que PGE2, PGF2, PGI2 et TX, alors que la voie des lipoxygénases permet la transformation de l'acide arachidonique en leucotriènes. Les eïcosanoïdes régulent notamment le

136

tonus vasculaire. Certains induisent des effets vasoconstricteurs (TX et PGF2), tandis que d'autres induisent des effets vasodilatateurs (PGI2) (Bogatcheva et al, 2005; Egan et Fitzgerald, 2006; Campbell WB et Falck, 2007).

II-2.5.5 Le facteur hyperpolarisant dérivé de l'endothélium, EDHF.

Au niveau de l'endothélium, l'EDHF est responsable d'une hyperpolarisation résultant de l'activation des canaux potassiques Ca^{2+}-dépendants de faible et moyenne conductance (SK_{Ca} et IK_{Ca}), localisés au niveau de la membrane. Ces canaux sont activés par une augmentation du Ca^{2+} intracellulaire, stimulée par les agonistes vasculaires (Fulton et al, 1994; Ghisdal et Morel, 2001; Crane et al, 2003). La nature chimique de l'EDHF suscite actuellement encore de nombreuses interrogations et plusieurs hypothèses sont discutées (voir **paragraphe II-2.4).** Les réponses médiées par l'EDHF sont inhibées au niveau endothélial par une combinaison de 2 toxines, la charybdotoxine et l'apamine (voir **paragraphe II-2.3.3**)

Le facteur EDHF participe à la communication myoendothéliale lors des réponses vasorelaxantes. Son rôle a été discuté dans le **paragraphe II-2.4**.

Le schéma suivant récapitule l'ensemble des facteurs

137

endothéliaux décrits ci-dessus (**Figure II.10**).

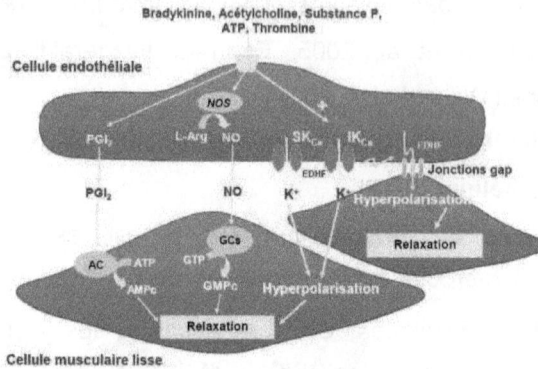

Fig.II.10 Principaux facteurs endothéliaux impliqués dans le contrôle du tonus vasculaire.

La relaxation endothélium-dépendante peut être induite par de nombreux facteurs endothéliaux, tels que le monoxyde d'azote (NO), les prostacyclines (PGI2), ou encore le facteur hyperpolarisant dérivé de l'endothélium (EDHF).

II-2.6 Effets physiopathologiques de l'aldostérone dans les vaisseaux.

Plusieurs études ont mis en évidence l'implication de l'aldostérone dans le développement de vasculopathies (Struthers, 2004). Ces vasculopathies peuvent se manifester de manière précoce par 3 types d'altération vasculaire: une dysfonction endothéliale, une réduction de la compliance, une augmentation de la coagulation. Ces altérations vasculaires peuvent ensuite conduire à des lésions tissulaires induisant l'ischémie. Enfin, une fibrose réparatrice se met en place plus tardivement au cours de ces processus de remodelage vasculaire pathologique (**Figure II.11**).

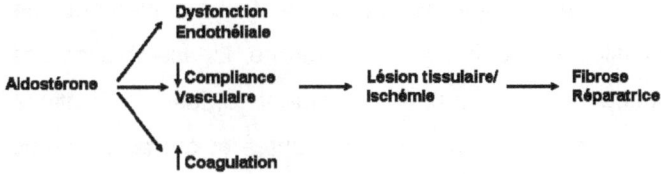

Fig II.11 Effets délétères induits par l'aldostérone dans la vasculopathie.
(D'après Struthers, 2004)

Le remodelage vasculaire correspond à une modification de la structure vasculaire et de la fonction artérielle, au cours de processus physiologiques et pathologiques. L'aldostérone peut ainsi agir à court ou à long terme sur la structure et la fonction des vaisseaux, dans des conditions physiologiques mais aussi pathologiques, comme par exemple lors du développement d'une dysfonction endothéliale où elle peut avoir une action directe sur les CMLv (Garnier et al, 2004).

II-2.6.1 Action délétère de l'aldostérone sur la structure des vaisseaux.

L'action délétère de l'aldostérone sur la structure des vaisseaux a été mise en évidence par plusieurs études cliniques ou expérimentales s'appuyant sur différents modèles animaux tel que le modèle aldo/sel chez le rat, le modèle génétique du rat spontanément hypertendu (SHR pour *spontaneous hypertensive rat*) ou bien encore un modèle de rat recevant chroniquement une infusion d'Ang II ou d'aldostérone. L'ensemble de ces modèles animaux présentent des altérations structurelles vasculaires importantes et ont ainsi permis d'examiner les effets des antagonistes du RM, mettant ainsi en évidence le rôle de l'aldostérone au cours de ces vasculopathies. En effet, l'administration d'antagonistes du RM (telle que la spironolactone ou l'éplérénone) prévient l'augmentation de l'épaississement de la paroi artérielle, l'hypertrophie, la fibrose et les lésions vasculaires, observées dans ces différents modèles animaux (Hatakeyama et al, 1994; Benetos et al, 1997; Lacolley et al, 2002; Pu et al, 2002; Virdis et al, 2002; Endemann et al, 2004; Nehme et al, 2005, 2006; Dorrance et al, 2006 ; Savoia et al, 2008). Dans le modèle aldo/sel, il a par ailleurs été montré que le traitement des rats par l'éplérénone prévient l'apparition des lésions microvasculaires rénales induites par le traitement L-NAME-AngII-NaCl (Rocha et al, 2000). De plus, les rats SHR surrénalectomisés (donc sans production endogène d'aldostérone) ne présentent plus de lésions microangiopathiques thrombotiques, comparés aux témoins. En revanche, lorsque ces rats reçoivent une infusion d'aldostérone, les lésions sont présentes (Chander et al, 2003).

D'autre part, Hatakeyama et ses collaborateurs démontrent que la fixation de l'aldostérone sur les vaisseaux, potentialise l'effet de l'Ang II dans l'hypertrophie des CMLv. Cet effet est partiellement corrigé par la spironolactone (Hatakeyama et al, 1994). L'aldostérone serait donc responsable d'une partie des effets délétères de l'Ang II, en particulier sur la production d'espèces réactives de l'oxygène (ROS pour *Reactive Oxygene Species*) par l'activation de la NADPH oxydase (Ullian et al, 1992; Hareda et al, 2001; Virdis et al, 2002; Zhao et al, 2006). De plus, chez des rats hypertendus, on observe une potentialisation des effets de l'Ang II par l'augmentation de l'expression des récepteurs AT1R qui pourrait expliquer les effets pro-fibrotiques de l'aldostérone (Robert et al, 1999; Zhao et al, 2006). De même, dans des conditions de surproduction d'aldostérone, on observe une augmentation de l'expression des récepteurs de l'ET-1 suggérant l'implication de l'ET-1 dans la synthèse de collagène (Park et Schiffrin, 2002). D'autre part, les travaux de Rocha mettent en évidence un rôle délétère à part de l'aldostérone dans la vasculopathie induite, indépendamment des effets classiques de l'hormone sur la rétention de sodium et la pression artérielle (Rocha et al, 2000).

En conclusion, l'administration d'antagonistes du RM ou la surrénalectomie empêche le développement de lésions microvasculaires, suggérant l'implication de l'aldostérone/RM dans ces altérations structurelles vasculaires.

Par ailleurs, une réponse inflammatoire peut être associée à un excès d'aldostérone et par la même conduire à des effets pro-fibrotiques et pro-hypertrophiques en libérant des facteurs de croissance ou encore des ROS (Nicoletti et al, 1996; Park et al, 2004; Iglarz et al, 2004; Yoshida et al, 2005; Kuster et al, 2005). De même, une autre étude montre que l'inflammation périvasculaire induite par l'infarctus du myocarde peut être empêchée par l'administration de spironolactone (Lal et al, 2004).

II-2.6.2 Action délétère de l'aldostérone sur la fonction vasculaire.

Dans la littérature, plusieurs études cliniques et

expérimentales animales utilisant des antagonistes du RM démontrent que l'excès d'aldostérone induit une dysfonction endothéliale ainsi qu'une réduction de la compliance artérielle systémique (Blacher et al, 1997). Chez des patients atteints d'aldostéronisme primaire et chez ceux atteints d'hypertension rénovasculaire, la vasodilation endothélium-dépendante induite par l'acétylcholine est diminuée, comparée aux patients normotendus. Les relaxations endothélium-indépendantes induites par un donneur de NO, le NPS ne sont en revanche pas modifiées (Duprez et al, 2000).

L'administration des antagonistes du RM à des patients atteints de coronaropathies a montré une amélioration de la fonction vasculaire. La spironolactone corrige l'altération de la réponse vasodilatatrice à l'acétylcholine dans les artères de l'avant-bras, chez des patients en insuffisance cardiaque (Farquharson et Struthers, 2000). Chez ces patients, les raisons d'une diminution de la biodisponibilité du NO dérivé de l'endothélium sont encore inconnue, mais impliquent la dissociation du NO par des espèces réactives à l'oxygène (ROS).

Dans un modèle d'hypertension induite par l'Ang II, le blocage du RM par la spironolactone induit une amélioration des réponses relaxantes à l'acétylcholine affectées par l'Ang II, et réduit l'épaississement de la paroi des artères mésentériques de résistance (Virdis et al, 2002). D'autre part, l'augmentation de la concentration d'aldostérone cardiaque (modèle de surexpression cardiaque de l'aldostérone synthase) induit une dysfonction endothéliale coronaire, associée à un remodelage ionique au niveau des canaux K+ calcium-dépendants (voir **paragraphe II-1.1.3.2.c**) (Garnier et al, 2004; Ambroisine et al, 2007).

Une autre action de l'aldostérone sur la fonction vasculaire semble impliquer la cyclooxygénase. Chez des rats spontanément hypertendus (SHR) ou suite à une infusion d'aldostérone, l'altération de la relaxation en réponse à l'acétylcholine est médiée par une production accrue de prostaglandines vasoconstrictrices (Blanco-Rivero et al, 2005).

Enfin, il est intéressant de souligner que les effets délétères de l'aldostérone sur la fonction cardiovasculaire s'étendent également aux progéniteurs endothéliaux dérivés de la moelle osseuse. L'aldostérone emprunte, chez ces progéniteurs endothéliaux, la voie dépendante du stress oxydant en diminuant l'expression du récepteur de type 2 au VEGF et donc l'activation de la eNOS nécessaire à leur différenciation et leur multiplication (Marumo et al, 2006). Par ailleurs, une action rapide de l'aldostérone sur les vaisseaux est rapportée aussi bien *in vitro* que *in vivo* (Funder et al, 2006). L'aldostérone peut avoir une action à la fois vasoconstrictrice mais aussi vasodilatatrice comme au niveau d'artérioles préglomérulaires (Michea et al, 2005; Arima et al, 2004 ; Schmidt et al, 2003). En effet, l'aldostérone peut stimuler une production de NO endothélial, ainsi que l'activation de la PKC au niveau des cellules musculaires lisses (Schiffrin, 2006).

II-2.6.3 Aldostérone et stress oxydatif.

Le stress oxydant semble jouer un rôle majeur dans les mécanismes de dysfonction endothéliale liée à l'aldostérone. Une étude récente a pu mettre en évidence une production excessive de ROS dans des cellules endothéliales en culture incubées avec de l'aldostérone. Cette surproduction de ROS est associée à une moindre augmentation de GMPc due à un défaut d'activation de la NOS endothéliale (eNOS) (Nagata et al, 2006). Ce défaut d'activation de la eNOS est notamment dû à une déficience en tétrahydrobioptérine (BH4), cofacteur de la eNOS, causant le découplage de l'enzyme et donc la production de ROS.

Un mécanisme similaire impliquant l'installation d'un stress oxydant associé au découplage de la eNOS a récemment été observé *in vivo*. L'aldostérone inhibe l'activité de la glucose-6-phosphate déshydrogénase (G6PD) qui est l'enzyme produisant le cofacteur NADPH de la eNOS. Cette déficience en G6PD conduit au découplage de la eNOS induisant ainsi une augmentation de la production de ROS et *in fine* au développement d'une dysfonction endothéliale périphérique. Ces effets sont réversés par l'administration de spironolactone démontrant ainsi le rôle clé de l'aldostérone dans la régulation de la G6PD et donc dans le maintien de la fonction endothéliale (Leopold et al, 2007).

Chez les patients souffrant d'insuffisance cardiaque et traités par la spironolactone, on observe une amélioration de la fonction endothéliale en réponse à l'acétylcholine, due en particulier à une meilleure biodisponibilité du NO, (Farquharson et al, 2000; Macdonald et al, 2004). Dans un modèle de rats insuffisants cardiaques, la combinaison d'un inhibiteur de l'ACE avec un antagoniste du RM améliore également la fonction endothéliale aortique, en parallèle d'une réduction majeure de la production de ROS au niveau vasculaire (Bauersachs et al, 2002; Schafer et al, 2002). Une revue récente discute de manière intéressante l'implication de l'aldostérone dans la genèse du stress oxydatif conduisant à la régulation de la vasomotricité (Skott et al, 2006). Les auteurs proposent en effet, qu'en situation de stress oxydatif faible, l'aldostérone induit une vasodilatation induite par la production de NO via eNOS, tandis que dans des situations où le stress oxydatif est augmenté et où il y a dysfonction endothéliale, l'aldostérone induit la production de péroxynitrites et de radicaux hydroxylés, via l'activation de la NADPH oxydase, et conduit à des lésions tissulaires et à la vasoconstriction (**Figure II.12**). Cette dualité de l'aldostérone, dépendante des conditions de stress oxydatif, est donc à considérer pour l'interprétation des effets de l'aldostérone sur la fonction vasculaire.

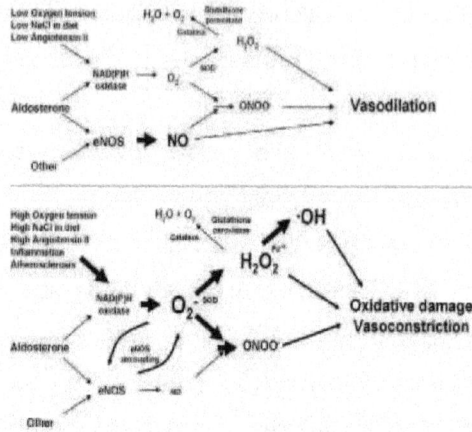

Figure II.12 Aldostérone: effets vasodilatateur et vasocontricteur.

(D'après Skott et al, 2006)

Selon la situation de stress oxydatif, l'aldostérone possèderait un effet vasomoteur opposé. En effet, en situation de stress oxydatif faible, l'aldostérone induit la production de NO, via l'activation de la eNOS, et par conséquent la vasodilatation. En revanche, en situation de stress oxydatif élevé, l'aldostérone induit la production de péroxynitrites et de radicaux hydroxylés, via l'activation de la NADPH oxydase, ce qui conduit à la vasoconstriction.

II-2.6.4 Participation du rôle de l'enzyme HSD2 dans les effets vasculaires de l'aldostérone/RM.

La participation de l'activité de l'enzyme HSD2 dans les effets vasculaires de l'aldostérone a été décrite dans les cellules endothéliales et les CMLv à l'aide de modèles animaux invalidés pour l'enzyme ou du modèle de rats DOCA/sel uninéphrectomisés (DOCA pour *déoxycorticostérone acétate*, une autre hormone minéralocorticoïde), traités par un inhibiteur de la

148

HSD2, la carbenoxolone (Hadoke et al, 2001; Young et al, 2003). Une autre étude réalisée sur des rats rendus hypertendus avec un inhibiteur de l'enzyme HSD2 (la liquorice) a mis en évidence une altération de la relaxation endothélium-dépendante, accompagnée d'une augmentation de l'expression protéique d'ET-1 dans l'aorte. Les antagonistes du RM préviennent cette dysfonction endothéliale (impliquant le NO) ainsi que la survenue de l'hypertension artérielle et normalisent les taux vasculaires protéiques d'ET-1 (Quaschning et al, 2001). Contrairement à l'homme, la HSD2 n'est pas présente dans les CMLv de souris, mais dans les cellules endothéliales, ce qui rend difficile l'interprétation des effets de l'aldostérone dans les CMLv (Christy et al, 2003).

II-2.6.5 Conclusion.

L'aldostérone et/ou l'activation du RM peut ainsi avoir des effets directs sur l'endothélium vasculaire. L'aldostérone peut modifier la structure et la fonction des vaisseaux ou encore induire la production de ROS conduisant à un stress oxydatif. Cependant, les mécanismes moléculaires restent à déterminer pour mieux comprendre comment l'aldostérone/RM intervient dans les pathologies cardiovasculaires.

Résumé du Chapitre II.

Dans cette 2ème partie, nous nous sommes intéressés à l'implication de l'aldostérone en physiopathologie cardiovasculaire, et plus particulièrement au rôle vasculaire de l'aldostérone. Les études cliniques (RALES et EPHESUS) et les études expérimentales (modèles animaux) démontrent clairement les effets bénéfiques du traitement par un antagoniste du RM permettant de prévenir l'apparition et le développement des altérations vasculaires notamment dans les atteintes rénales et cardiaques. Cependant, les mécanismes pour expliquer ces effets vasculaires de l'aldostérone restent à éclaircir. Dans le vaisseau, l'aldostérone peut avoir une action directe et délétère sur la structure mais aussi sur la réactivité vasculaire. L'aldostérone serait aussi notamment responsable d'une partie des effets délétères de l'Ang II, en particulier sur la production d'espèces réactives à l'oxygène.

En conclusion, la vasculopathie induite par l'aldostérone consiste en une dysfonction endothéliale ainsi qu'une réduction de la compliance vasculaire qui entraîne des lésions tissulaires suivie d'une fibrose réparatrice (Struthers, 2004). Les cibles moléculaires qui peuvent être impliquées dans ces altérations sont notamment la voie de l'Ang II, l'ET-1, le NO, le stress oxydant, les processus d'inflammation et de remodelage, les molécules de l'appareil contractile et les canaux K sensibles au Ca.

CHAPITRE III - PERTINENCE ET OBJECTIFS DE LA THESE.

Jusqu'à une période récente, le champ d'action de l'aldostérone était considéré comme restreint aux épithélia impliqués dans le transport vectoriel d'électrolytes comme le rein et le colon. Toutefois, ces dix dernières années il a été démontré que les récepteurs de l'aldostérone sont également exprimés dans d'autres types cellulaires qualifiés de « non classiques », comme le cœur et les vaisseaux. Cette action pluri-tissulaire de l'aldostérone est essentielle puisqu'elle permet d'envisager une action spécifique, physiologique ou physiopathologique de l'hormone dans ces tissus, indépendante de son action rénale, jugée jusqu'alors comme l'intermédiaire obligé de l'action de l'aldostérone sur les fonctions cardiovasculaires, comme l'HTA ou l'insuffisance cardiaque.

Les bénéfices du traitement par un antagoniste du RM (la spironolactone ou l'éplérénone), décrits dans les essais cliniques RALES et EPHESUS, démontrent l'implication de l'aldostérone dans les pathologies cardiovasculaires. Il reste à définir la nature précise des effets de l'aldostérone. En effet, l'implication de nombreux tissus est possible. L'apport des différents modèles animaux exposés au chapitre II est considérable et soulève de nombreuses questions sur le rôle physiopathologique de l'aldostérone/RM dans le développement des pathologies cardiovasculaires ainsi que rénales.

De ces études cliniques et expérimentales émerge une nouvelle notion selon laquelle il est proposé que des effets délétères de l'aldostérone et/ou de l'activité du RM se produisent indépendamment de l'HTA.

Dans ce contexte où l'aldostérone/RM possède une action dans plusieurs tissus et où il est difficile de discriminer la responsabilité de l'hormone et de son récepteur dans les lésions causées dans chaque tissu, il nous a semblé intéressant de « disséquer » le rôle physiopathologique du RM dans deux cibles importantes: le rein et les vaisseaux. Ceci pour tenter de définir les effets primaires spécifiques du RM des effets secondaires, et d'analyser si l'impact du couple aldo/RM sur la pression artérielle est seulement dû à un effet rénal, par augmentation de la réabsorption de sodium dans le canal collecteur, ou bien fait intervenir un contrôle périphérique au niveau des vaisseaux.

Notre laboratoire a ainsi opté pour une approche génétique utilisant des modèles conditionnels transgéniques et ciblés, afin de mieux comprendre les mécanismes qui conduisent au phénotype d'hypertension ou au développement de pathologies rénales et/ou cardiovasculaires.

Mon sujet de thèse a ainsi consisté à répondre à deux questions principales relatives au rôle physiopathologique de l'aldostérone:

- **dans le rein, au niveau du canal collecteur** (CD):

Il existe de nombreuses études dans la littérature qui décrivent les conséquences de l'activation du RM dans le canal collecteur, et qui définissent clairement son rôle dans la régulation de la réabsorption de sodium et la sécrétion de potassium. Il nous a semblé plus intéressant de soulever la question du rôle possible de l'activation du récepteur des glucocorticoïdes (RG) dans le CD. La première partie de mon travail de thèse a donc consisté à répondre à la question suivante :

Quels sont les effets propres du RG dans le CD, territoire cible de l'aldostérone liée au RM (du fait de la présence de la 11β-HSD2) dans la régulation de l'homéostasie sodée ?

Afin d'y parvenir, nos efforts ont porté sur la

caractérisation fonctionnelle et moléculaire d'un modèle de surexpression conditionnelle du RG spécifiquement dans le CD.

L'action physiologique et moléculaire de l'aldostérone et du RM dans le rein, au niveau du CD, est bien étudiée et constitue une base intéressante pour entreprendre de répondre à nos interrogations, dont la principale est de déterminer quel peut être l'effet du RG dans le CD.

L'objectif a été de caractériser un modèle conditionnel permettant de réguler l'expression du gène du récepteur des glucocorticoïdes (RG) dans le canal collecteur rénal (CD).

La première étape a été de maîtriser un système conditionnel tétracycline *ex vivo* (dans la lignée cellulaire de tubules collecteurs corticaux de rat, RCCD2), puis *in vivo* (à partir des souris transgéniques), pour ensuite utiliser ce système pour étudier le rôle physiopathologique du RG spécifiquement et uniquement dans le CD.

Sur le plan fonctionnel, les études ont consisté à mesurer la pression artérielle, puis à évaluer la fonction rénale par des études en cages à métabolisme, après induction du transgène RG par la Doxycycline, afin de déterminer par dosages biochimiques les

concentrations urinaires en sodium, potassium et chlore.
Sur le plan moléculaire, nous avons analysé l'expression
de gènes au niveau messager, par RT-PCR
quantitative, impliqués dans la réabsorption de sodium
et la sécrétion de potassium au niveau du CCD et au
niveau des segments du néphron plus en amont du
CCD, à savoir au niveau du tube contourné distal (DCT)
et du tubule connecteur (CNT).

- **dans le vaisseau, plus particulièrement au niveau
des cellules endothéliales,** cellules cibles « non
classiques », qui expriment cependant l'enzyme de
sélectivité, la 11β-HSD2**:**

**1) Quel est le rôle physiopathologique de
l'aldostérone et du RM dans le système vasculaire ?
2) Quelles sont les conséquences fonctionnelles et
moléculaires de la surexpression du RM dans
l'endothélium ? 3) Que se passe-t-il au niveau de la
communication entre l'endothélium et le muscle
lisse ?**

Pour répondre à ces questions, la deuxième partie de
ma thèse a porté sur l'analyse des conséquences
fonctionnelles et moléculaires de la surexpression
conditionnelle du RM spécifiquement dans les cellules

endothéliales, à l'aide d'un modèle conditionnel transgénique.

L'objectif de ces travaux est donc de définir le rôle de l'aldostérone et du RM dans le système vasculaire par des études fonctionnelles (analyses de la réactivité vasculaire (contraction/relaxation), de la compliance et de la morphologie des vaisseaux, de la fonction coronaire) et moléculaires (expressions des transcrits et protéines, au niveau de l'aorte et des artères mésentériques, des gènes impliqués dans le système rénine-angiotensine, le système endothéline, les processus inflammatoires, la voie du NO, le stress oxydatif, ou codants pour les protéines contractiles et les canaux potassiques Ca-dépendants).

Lors de mon DEA et de ma première année de thèse, j'ai également contribué à la caractérisation et au phénotypage moléculaires de deux modèles de surexpression cardiaque du RM et du RG développés au laboratoire. Ces travaux m'ont permis de posséder la maîtrise des concepts et des outils relatifs à l'utilisation des modèles animaux génétiquement modifiés. Ma participation active à ces projets, qui ont fait l'objet de publications scientifiques et que je présenterai brièvement au **chapitre VII** de ce manuscrit, m'a ainsi permis d'acquérir un savoir-faire et l'expertise requise pour l'étude des modèles conditionnels de souris transgéniques et de faciliter mon étude dans la caractérisation des deux modèles conditionnels propres à mon projet de thèse.

CHAPITRE IV - MATERIELS ET METHODES.

« Celui qui sait résoudre les problèmes est toujours moins efficace que celui qui sait les éviter. »

Génaro VALDEZ CONS.

IV- 1 SOURIS TRANSGENIQUES.
IV-1.1 Introduction.

L'expérimentation animale consiste à utiliser des animaux comme modèles pour mieux comprendre la physiologie, les mécanismes pathologiques mais aussi l'action thérapeutique d'agents médicamenteux, et tout particulièrement pour tenter de prévoir ce qui se passe chez l'Homme. Elle représente une étape incontournable et majeure dans l'étude fondamentale des systèmes biologiques. Ce caractère d'importance ne saurait pour autant justifier l'absence de réflexion dans le choix de l'animal étudié ainsi que dans le respect des règles établies pour ce type d'expérimentation.

Le développement et l'amélioration des outils de biologie moléculaire, ces dernières années, ont permis aux scientifiques d'élucider petit à petit la régulation et la fonction des gènes, et ceci aussi bien au niveau moléculaire qu'au niveau de l'organisme entier. En effet, l'avènement de la transgénèse a permis la création de modèles pertinents reproduisant des pathologies humaines, et a marqué un tournant majeur dans le domaine de la recherche biomédicale (Roth et al, 1999).

Pour des raisons de taille, de coût et de temps, la très grande majorité des expérimentations animales se font sur des rongeurs, notamment la souris, qui présente plusieurs avantages: 1) elle est la mieux connue d'un point de vue génétique; 2) certaines techniques de transgénèse ne sont actuellement possibles que chez cet animal; 3) l'entretien et l'élevage (Houdebine, 1998). La première souris qualifiée de « transgénique » a été créée par l'équipe de Gordon aux Etats-Unis en 1980, mais le transgène ne s'avère pas fonctionnel (Gordon et Rubble, 1981). En 1982, Palmiter et son équipe obtiennent des souris transgéniques dont le transgène de l'hormone de croissance, est fonctionnel (Palmiter et al, 1982).

IV-1.2 La transgénèse ciblée conditionnelle.

La transgénèse est une technique consistant à introduire un ou plusieurs gènes dans les cellules, menant à la transmission du gène introduit, ou transgène, aux générations successives. Quelque soit la technique de transgénèse choisie (transgénèse additionnelle, ciblée ou conditionnelle), les 4 étapes essentielles de la transgénèse sont: 1) l'introduction d'une séquence d'ADN dans un embryon; 2) l'implantation de cet embryon dans l'utérus d'une femelle pseudo-gestante; 3) la première génération d'animaux est obtenue (il est alors nécessaire de détecter par diverses méthodes les animaux effectivement transgéniques) (Morell, 1999); 4) finalement, une lignée transgénique qualifiée de «pure» est obtenue par croisements (Houdebine, 1997).

IV-1.2.1 Système Tétracycline

Initialement développé par Gossen et Bujard, en 1992, le système de régulation à la tétracycline est basé sur les éléments de régulation de l'opéron du gène de résistance à la tétracycline du transposon Tn10 d'*Escherichia Coli*.

Le principe du système tetOFF. Il requiert la présence de deux transgènes:

1) un transgène exprimant le gène d'intérêt (ou un gène rapporteur), mis sous la dépendance d'un promoteur minimal tetO, dérivé de l'opéron de la tétracycline d'*Escherichia Coli*, composé d'un promoteur minimal CMV (cytomégalovirus) et de sept opérateurs tétracycline tetO, disposés en tandem

161

2) un transgène codant pour le transactivateur tTA qui s'exprime sous la forme d'une protéine de fusion entre le répresseur d'*Escherichia Coli* (tetR) et le domaine activateur de la protéine VP16 du virus de l'*Herpès simplex*.

Dans le système tetOFF, la protéine tTA se comporte comme un facteur inductible de la transcription; inactif en présence d'un antibiotique dérivé des tétracyclines: la Doxycycline (Dox). En absence de Dox, le facteur tTA peut se lier au promoteur tetO pour promouvoir la formation d'un complexe transcriptionnel et l'expression successive de la protéine d'intérêt (Gossen et Bujard, 1992) (**Figure IV.1**). Le principe du système tetOFF implique d'administrer la molécule inhibitrice pour bloquer l'expression du gène d'intérêt. Ceci risque, dans certains cas, de nécessiter des traitements assez longs avec l'antibiotique. Cependant, les doses utilisées sont très inférieures (100 fois moins) à la dose antibiotique.

Le système tetON. Le groupe de Bujard a développé en 1995 une variante du système tetOFF, appelée tetON, utilisant une protéine de fusion construite avec une version mutée (au niveau de quatre acides aminés du tetR). La protéine transactivatrice rtTA (*reverse* tTA) qui contient cette séquence n'a de forte affinité pour tetO qu'en présence de tétracycline ou de ses analogues (Dox) (Furth et al, 1994; Gossen et al, 1995) (**Figure IV.2**). Ce système a montré une bonne inductibilité en réponse à la Dox: un facteur de plus de 1000 fois a été observé dans des cellules HeLa exprimant le rtTA de manière constitutive en ajoutant la Dox dans le milieu de culture (Kistner et al, 1996). Bien qu'efficace, les applications *in vivo* de ce système ont été moins nombreuses que celles du système tetOFF car de grandes quantités de Dox doivent être administrées et ce système de régulation tetON présente plus d'expression basale que le système tetOFF, probablement due à une légère fixation résiduelle du rtTA au tetO, en absence d'inducteur. Quelques unes sont relatées dans la littérature (Bohl et al, 1997, 1998; Serguera et al, 1999).

Dernières améliorations du système tetON. De nombreuses modifications ont récemment été apportées au système tetON afin de réduire le niveau basal d'expression et d'augmenter l'efficacité du système en réponse à la Dox. Le progrès majeur a été l'isolation de deux nouveaux variants rtTA, nommés rtTA2^S-S2 et rtTA2^S-M2: ils sont toujours sensibles à la Dox mais ont un niveau d'activité basal beaucoup plus faible dans l'état non induit que le tetON originel (Urlinger et al, 2000). De plus, leur séquence a été optimisée par l'usage des codons, permettant une meilleure expression et une plus grande stabilité. Enfin, ils possèdent un domaine de transactivation minimal noté VP16-F3 qui consiste en trois répétitions en tandem d'un peptide de 12 acides aminés, dérivé de VP16. Le variant rtTA2^S-S2 présente un niveau basal légèrement plus faible que rtTA2^S-M2, ce dernier présentant néanmoins l'avantage d'être environ 10 fois plus sensible à la Dox (Urlinger et al, 2000; Lamartina et al, 2002, 2003). Plusieurs études ont prouvées que ces deux transactivateurs étaient capables de contrôler efficacement *in vivo* la transcription de nombreux transgènes après transfert dans différents tissus et ce, avec une grande variété de vecteurs (Aurisicchio et al, 2001 ; Koponen et al, 2003).

Remarques. Les systèmes Tet sont de loin les systèmes de régulation les plus utilisés actuellement. Une de leurs originalités repose sur l'origine procaryote des séquences tetR/rtetR et tetO qui assurent une réponse spécifique et l'absence d'effets pléiotropiques. De plus, la Dox est utilisée à des doses non toxiques pour les cellules de mammifères, largement inférieures à la dose antibiotique, dont la pharmacologie est bien connue et dont l'administration semble bien tolérée par les patients. La Dox est disponible par voie orale, possède une demi-vie de 14-22h et a l'avantage de bien pénétrer dans les tissus.

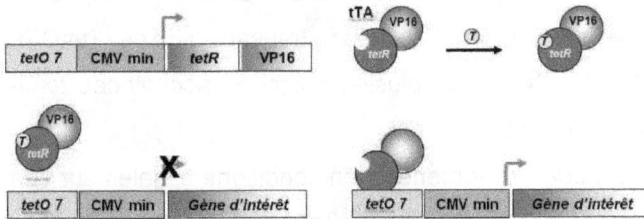

Fig IV.1 Système tétracycline TetOFF

Une protéine de fusion tTA a été construite en fusionnant le domaine de transactivation de la protéine VP16 du virus de l'herpès simplex avec le domaine de liaison à tetO de la protéine tetR. Le résultat est donc une protéine de fusion activatrice de transcription et sensible à la tétracycline. Sept copies de la séquence de tetO ont été placées en amont du promoteur minimum du CMV. Ainsi, en absence de tétracycline, la protéine de fusion tTA se fixe sur tetO et active la transcription. Par contre en présence de tétracycline, la protéine tTA subit un changement de conformation ce qui diminue son affinité pour tetO et inactive ainsi indirectement l'initiation de la transcription.

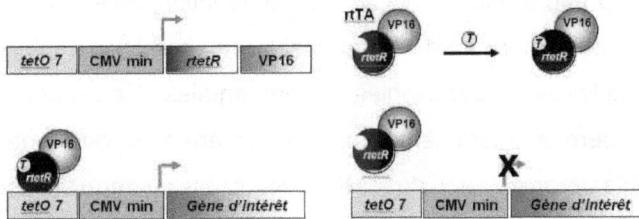

Fig IV.2 Système tétracycline tetON

Le transactivateur rtTA est obtenu à partir d'une version mutée au niveau de quatre acides aminés du répresseur tetR et vient se fixer sur la région promotrice du tetO, seulement en présence de la Dox, qui induit le passage du facteur rtTA sous une conformation active, permettant la formation d'un complexe de transcription capable de stimuler l'expression du transgène d'intérêt.

IV-1.2.2 Conclusion.

Au laboratoire, les études que nous avons menées utilisent le système inductible Tet. Nous disposons ainsi de plusieurs lignées transactivatrices (tetOFF et/ou tetON) et de plusieurs lignées acceptrices tetO-gène d'intérêt.

Nos études sont menées en conditions basales sur des animaux sains mais génétiquement modifiés (surexpression du gène RM et/ou RG) ou en conditions pathologiques sur des animaux transgéniques rendus malades expérimentalement, en présence ou non de divers agents pharmacologiques. Le développement récent de la transgénèse a permis de donner un nouvel essor aux études menées chez l'animal, afin de comprendre plus précisément le fonctionnement d'un système biologique, notamment en conditions plus complexes de pathologies expérimentales. Ces études ont permis notamment de mieux appréhender le rôle de l'aldostérone et du RM dans les régulations physiologiques, dans la genèse de pathologies cardiovasculaires et rénales et dans le mécanisme d'action d'agents pharmacologiques.

IV-1.3.1 La lignée cellulaire RCCD2: clone 9.

Des cellules de la lignée de tubule collecteur de rat RCCD2 (Djelidi et al, 1992; Puttini et al, 2001) sont utilisées entre le passage 17 et 22 pour les expériences. Les cellules RCCD2 sont transfectées de façon stable avec la construction transactivatrice CMV-rtTA2^{S}M2-Ires-Neo. Cette construction est mise au point à partir de la construction p-UHD-rtTA2^{S}M2, provenant du laboratoire du Dr Hillen, et du plasmide commercial p-Ires-Neo (Clontech, St Germain-en-Laye, France) (Bornkamm et al, 2005). Cette construction permet l'expression constitutive du transactivateur rtTA2^S-M2, aussi appelé tetON2. Le clone 9 a été choisi parmi les autres clones obtenus et sélectionnés pour leur résistance à la néomycine, car il a un niveau d'expression plus élevé, sous stimulation par la Dox, pour le gène rapporteur LacZ, placé sous le contrôle d'un promoteur minimal tetO (*tet Operator*), sensible à l'action du transactivateur rtTA2.

IV-1.3.2 Culture cellulaire.

(*Ces expériences ont été réalisées par Antoine*

Ouvrard-Pascaud (PhD, actuellement Maître de Conférences, Université de Rouen, France)

Les cellules RCCD2-tetON2 clone 9 sont cultivées sur fond de boîtes de Pétri, à 37°C, en atmosphère humide et à 5% de CO_2. Les boîtes sont préalablement recouvertes avec une solution contenant du collagène de type I (Institut J Boy, France), et sont laissées séchées pendant 1h. Le collagène constitue une matrice naturelle permettant le maintien de l'état différencié des cellules RCCD2, ainsi que leur adhésion au fond de la boîte. Les cellules sont cultivées dans un milieu complet contenant du DMEM-Ham's F12 (1 :1), 14 mM $NaHCO_3$, 2 mM glutamine, 50 mM dexaméthasone (Dex) (Sigma Aldrich, Saint Quentin Fallavier, France), 100 U/mL pénicilline-streptomycine (Gibco, Invitrogen, Cergy Pontoise, France), 200 µg/mL néomycine (Gibco, Invitrogen), 2% de Sérum de Veau Fœtal (SVF, Gibco, Invitrogen) et 20 mM HEPES pH 7.4.

IV-1.2.3 Transfection du clone 9 avec pBi3-hGR, pBi3-BS ou pGR-luciferase

Les cellules RCCD2-tetON2 clone 9 sont cultivées jusqu'à $4X10^5$ cellules dans une plaque 6 puits, 24h avant la transfection. Pour chaque puit, 0.5 µg de constructions plasmidiques (pBi3-hGR+pRG-luciferase ou pBi-BS+pRG-luciferase (plasmide contrôle)) et 4 µL de Reagent Plus (Invitrogen) sont incubés à température ambiante dans 100 µL de milieu Optimem (Invitrogen) pendant 15 min et ensuite ajoutés à 6 µL de Lipofectamine (Invitrogen), préalablement diluée dans 100 µL d'Optimem, puis incubés de nouveau à température ambiante pendant 15 min, et additionnés à chaque puit avec 800 µL d'Optimem. Les cellules sont incubées pendant 4h avec le mélange avant d'être remplacé avec du milieu complet, stimulé avec 0.50 ou 500 ng/mL de Dox pendant 24h. Les cellules sont ensuite lavées 2 fois avec du PBS, puis sont grattées et lysées dans 250 µL de tampon de lyse, contenant 25 mM glycyl-glycine pH 7.8, 1 mM EDTA, 8 mM $MgSO_4$, 1% Triton, 15% glycérol et 1 mM DTT. Le lysat cellulaire est alors transféré dans un tube propre et centrifugé à 8000g, à 4°C, pendant 5 min. 100 µL du surnageant lysé sont utilisés pour le test d'activité de la luciférase.

IV-1.2.4 Mesure de l'activité luciférase

100 µL de lysat cellulaire sont mélangés à un volume égal de substrat (70 µg/mL luciférase, 25 mM Tris-HCl pH 7.4, 8 mM $MgCl_2$, 1 mM DTT, 1% Triton, 15% glycérol, 1% BSA et A m ATP). L'activité luciférase est

mesurée au luminomètre (logiciel d'analyse Glomax).

IV-1.2.5 Extraction protéiques et analyse par Western Blot.

(Ces expériences ont été réalisées par Daniel Gonzalez-Nunez (Post-doctorant étranger).

Les cellules RCCD2-tetON2 clone 9 transfectées sont lavées 2 fois avec du PBS froid, et grattées avec 2 mL de PBS. Les cellules sont alors transférées dans un nouveau tube et centrifugées à 1000g, pendant 5 min. Le surnageant est jeté et les cellules sont homogénisées dans 35 µL de tampon froid (100 mM NaCl, 1% Triton X-100, 200 mM Tris-HCl pH 7.4) complémenté avec un cocktail d'inhibiteur des protéases dilué au 1/20ème (Sigma Aldrich, Saint Quentin Fallavier, France). Le lysat cellulaire est mis sous agitation à 4°C, pendant 1h et centrifugé à 8000g, 10 min, à 4°C. Le surnageant correspond à la fraction protéique totale.

Les protéines cellulaires (20 µg) sont dénaturées dans une solution SDS (300 mM sucrose, 1% SDS, 2,5 mM EDTA, 300 mM Tris-HCl pH 8.8, 0,05% bleu de bromophénol, 25 mM DTT) en chauffant 5 min. Les échantillons sont ainsi soumis au SDS-PAGE et déposés sur un gel polyacrylamide 10%, avant le

170

transfert électrophorétique sur membrane de nitrocellulose (Invitrogen). Après transfert, les membranes sont bloquées 1h dans un tampon TBST contenant 150 mmol/L NaCl, 10 mmol/L Tris et 0,1% Tween20 avec 5% de lait en poudre entier. Les blots sont ensuite incubés avec un anticorps polyclonal de lapin hGR (dilution 1/1000; E20 Santa Cruz) ou rGR (rat, dilution 1/1000; M20 Santa Cruz, Tebu Bio, Le Perray, Yvelines, France). Les complexes immuns sont détectés par liaison à l'anticorps secondaire dilué au 1/4000 (IgG de chèvre, anti-lapin, conjugué à la peroxydase, Santa Cruz), en utilisant un kit chémiluminescent (Invitrogen). Les dépôts protéiques sont ensuite standardisés par l'utilisation de l'anticorps monoclonal anti-actine de souris (AC-74, Sigma Aldrich, Saint Quentin Fallavier, France) dilué au 1/5000, suivi de l'anticorps secondaire anti-souris (1/5000; Santa Cruz, Tebu Bio). Les blots sont colorés par le rouge Ponceau (Fluka, Sigma Aldrich), pour vérifier que le chargement dans chaque puit est identique. Les blots sont finalement quantifiés par densitométrie (système Fujifilm Las-3000). L'expression de la protéine d'intérêt est normalisée pour chaque échantillon par rapport à la coloration au rouge ponceau de la piste de migration correspondante. Les valeurs de densitométrie sont exprimées en unités arbitraires.

IV-1.4 Modèles animaux (*in vivo*).

Au laboratoire, à l'aide du système inductible Tet, nous avons développé plusieurs modèles de souris transgéniques qui vont surexprimer le RM et/ou le RG dans le territoire cible choisi (le canal collecteur rénal (CD), le cœur et l'endothélium vasculaire), sans altérer la concentration plasmatique du ligand.

IV-1.3.1 Intérêts de la stratégie d'étude

Nous avons choisi de moduler l'expression des récepteurs et non celle des ligands pour plusieurs raisons:

1) dans le rein, les effets d'une augmentation ou d'une diminution de la concentration du ligand aldostérone sur l'homéostasie hydrosodée et la pression artérielle sont bien étudiés et connus. La stratégie d'étude que nous avons choisie n'émet pas d'*a priori* sur le ligand, et le **facteur limitant devient le niveau d'expression du récepteur**. Ainsi, la stratégie expérimentale de notre laboratoire permet d'étudier les effets propres à l'activation du récepteur, sans modification de la concentration de ligand

2) notre stratégie permet d'**éviter les effets**

confondants et les effets secondaires liés à des interactions et compensations inter-organes (rein-cœur, rein-vaisseaux, cœur-vaisseaux, par exemple)

3) d'autre part, les récepteurs constituent des **cibles thérapeutiques** intéressantes. En effet, l'administration de spironolactone (ou d'éplérénone) est déjà préconisée dans le traitement des maladies cardiovasculaires (insuffisance cardiaque) et des néphropathies (diabète). Une approche pharmacologique sera donc intéressante pour compléter notre analyse segmentaire du rôle spécifique du RM dans l'organe/tissu cible sélectionné, et nécessaire pour démontrer la relevance physiologique de l'activation du RM dans les phénotypes observés.

D'autre part, l'utilisation de modèles conditionnels et/ou inductibles permet un contrôle précis de l'expression du RM ou du RG au cours du temps. Le ciblage permet d'éviter la possibilité de phénomènes secondaires, dus aux altérations de l'homéostasie ionique ou aux perturbations globales induites par l'aldostérone, et permet de se focaliser sur l'action du récepteur dans les cardiomyocytes ou les vaisseaux.

IV-1.3.2 Modèle de surexpression du RM et/ou du RG dans le CCD et dans l'endothélium.

IV-1.3.2.1 Choix du promoteur Hoxb7.

Il existe plusieurs promoteurs permettant une expression spécifique dans le canal collecteurs rénal:

-le promoteur modifié SV40-PK du gène de la pyruvate kinase (Miquerol, et al, 1996), utilisé pour l'expression ciblée de l'antigène T de SV40 dans l'anse ascendante large de la boucle de Henlé, le tubule distal et le canal collecteur, et faiblement dans le tubule proximal. Il est inductible par le glucose, permettant une expression du transgène sous le contrôle de la diète. Cependant, il ne s'exprime pas exclusivement dans le rein: en effet, il est exprimé aussi dans le foie, l'intestin, le pancréas, le thymus et la rate.

- le promoteur AQP2 du gène de l'aquaporine 2 (Nelson et al, 1998; Stricklett et al, 1999), qui a permis l'expression de la recombinase Cre dans le canal collecteur, mais en dépit de la grande taille de ce promoteur (environ 14 kb), une expression hétérogène du gène de la Cre a été observée, entraînant une recombinaison site- spécifique dans seulement 30 % des cellules principales du canal collecteur.

- le promoteur Ksp-cadhérine (Igarashi et al, 1999), utilisé pour l'expression du gène rapporteur LacZ dans le canal collecteur. Ce promoteur de 3,3 kb est

174

exclusivement exprimé dans le canal collecteur du rein adulte. En revanche les auteurs ont constaté une expression hétérocellulaire du transgène.

- le promoteur du gène homéotique Hoxb7 (Srinivas et al, 1999; Shakya R et al, 2005): il a été décrit pour l'expression de LacZ, EGFP et un mutant de la protéine Ret. L'expression de LacZ est très forte dans le rein en développement: le marquage est détectable dès le jour 9,5. Au jour 14,5, l'épithélium des tubules collecteurs, les canaux mésonéphriques et les uretères sont marqués sélectivement, alors que les épithélia qui vont donner les tubules rénaux et les glomérules ne sont pas marqués. Dans le rein adulte, l'expression est présente dans l'uretère, le pelvis et les canaux collecteurs. Ce promoteur est aussi exprimé dans l'épithélium des bulbes olfactifs, dans certaines parties du cerveau, au niveau de la corde spinale de l'embryon ainsi que dans le cerveau de l'adulte.

Nous avons donc choisi ce dernier promoteur pour cibler notre gène d'intérêt dans le canal collecteur, car au moment où le projet a démarré, il nous semblait être celui qui donnait une expression reproductible au niveau du canal collecteur.

IV-1.3.2.2 Choix du promoteur VECadhérine.

Il existe plusieurs promoteurs permettant une expression spécifique dans les vaisseaux, soit au niveau de la cellule endothéliale, soit au niveau de la cellule vasculaire du muscle lisse (CMLv).

Au départ, nous avions reçu, dans le cadre de collaborations avec des chercheurs au Canada (Toronto) et aux Etats-Unis (San Francisco) deux lignées transactivatrices de souris transgéniques, ciblant les cellules endothéliales (Tie2-tetOFF et Tie2-tetON) et dans les CMLv (VSM22-tetOFF). Nous avons alors croisé ces souris avec la lignée acceptrice tetO-hRM déjà établie au laboratoire. La caractérisation moléculaire du transgène hRM, n'a pas permis d'obtenir l'expression du transgène spécifiquement dans les vaisseaux comme l'aorte ou dans les organes vascularisés comme les reins et le cœur, chez les souris double-transgéniques (DT), issues de ces croisements. Au bout de plusieurs mois d'essais, avant de conclure que ces lignées n'étaient pas utilisables pour l'étude de notre projet, une nouvelle lignée mono-transgénique nous a été donnée par le Dr Laura Benjamine (Harvard School of Medicine) et nous permet de cibler l'expression du transgène d'intérêt dans les cellules endothéliales, à l'aide du promoteur

176

VECadhérine.

Deux publications (Gory et al, 1999; Sun et al, 2005) apportent une description détaillée de l'utilisation de ce promoteur pour cibler l'endothélium chez l'embryon de souris et chez la souris adulte. Ces données confirment que le choix de ce promoteur est adéquat pour cibler l'expression de gènes dans l'endothélium des souris transgéniques, afin d'étudier différentes conditions physiopathologiques, ce que j'ai également confirmé.

IV-1.3.2.3 Obtention des souris double-transgéniques (DT).

Les souris ont été génotypées par deux méthodes différentes, d'abord par Southern

Blot, pour vérifier la stabilité de l'intégration du transgène, puis par PCR classique.

a) Extraction de l'ADN génomique.

Lors de leur sevrage (3-4 semaines après leur naissance), les souris sont numérotées et l'extrémité de leur queue est prélevée et incubée toute la nuit à 37°C dans un tampon de lyse (50 mM Tris HCl pH7.5, 5 mM EDTA, 100 mM NaCl, 0.5% SDS, 0.2 mg/mL de protéinase K).

Le lysat est centrifugé 10 min, à 13000 rpm. Le surnageant contenant l'ADN sans les débris tissulaires (poils, autres…) est transféré dans un nouveau tube et précipité avec

500 µL d'isopropanol 100%. Les tubes sont mélangés par retournement pendant 15 sec, jusqu'à l'apparition d'une méduse qui représente la forme en pelote statistique de l'ADN. L'ADN génomique est ensuite culotté après centrifugation pendant 30 min, à 13000 rpm, puis le culot est lavé dans 500 µL d'éthanol 70% et centrifugé pendant 10 min, à 13000 rpm. Après évaporation de l'éthanol, le culot est repris dans 300 µL d'eau et le tube est mis à agiter sur un agitateur mécanique (agitateur tangentiel) jusqu'à resuspension complète de l'ADN.

b) Southern Blot.

20 µL d'extrait d'ADN génomique de chaque souris sont digérés sur la nuit par l'enzyme de restriction Bgl II (25 U, Invitrogen), en présence du tampon de réaction (React n°3, fourni avec l'enzyme de restriction), d'albumine bovine sérique (BSA 1 mg/mL).

Les fragments de restriction sont séparés par électrophorèse sur gel d'agarose 0,8%, dans un tampon TAE 1X (40 mM Tris Acétate, 1 mM EDTA). On ajoute du bromure d'éthidium (BET, Euromedex, Paris, France) dans le gel, un agent mutagène qui s'intercale entre les bases des acides nucléiques. Il permet de visualiser les bandes par sa fluorescence sous ultra-violet (UV, 254 nm). Un marqueur de taille est déposé en même temps que les échantillons (Smart Ladder, Eurogentec). La migration de l'ADN génomique digéré se fait dans du tampon TAE 1X pendant 4h, à 90V. Après la migration, le gel est analysé par l'utilisation d'un trans-illuminateur (table UV). L'ADN est ensuite dépuriné, pendant 10 min, dans une solution de HCl à 0,25M. Ceci permet, en fragmentant l'ADN, de faciliter le transfert des fragments de haut poids moléculaire. Après rinçage du gel à l'eau distillée, le gel est monté dans un dispositif qui permet le transfert des fragments d'ADN sur une membrane de nylon chargée positivement, (Hybond N+, Amersham Biosciences, Saclay, Orsay, France). Le principe du transfert repose sur le passage à travers le gel d'une solution de soude NaOH 0.4M (pompée par capillarité à travers le gel d'agarose), qui assure la dénaturation des double-brins d'ADN et l'entraînement de l'ADN qui se fixe sur la membrane de nylon. Le transfert s'effectue sur la nuit, puis la membrane est rincée rapidement dans du SSC 2X (SSC20X: chlorure de sodium 3M, tri-sodium citrate 0.03M).

La membrane est préhybridée à 65°C pendant 1h dans un four rotatif, dans une solution composée de 20 mL de tampon phosphate (1M NaH_2PO_4, 1M Na_2HPO_4, SDS 20%). Les sondes radioactives sont synthétisées et marquées à l'aide du kit RediprimeTM II (Amersham Biosciences), selon les instructions du fabriquant, en présence de 5 µL de $[\alpha^{32}P]$-dCTP. Les matrices permettant la synthèse des sondes correspondent à des produits de restrictions plasmidiques séparés sur gel, isolés et purifiés sur une colonne échangeuse d'ions, après digestion de l'agarose (kit Gel purification, Qiagen, Courtaboeuf, France): Pour la sonde tTA: la digestion EcoRI/BamHI à partir du plasmide pUHG17.1 (Gossen et al, 1995) génère un fragment de 1044 pb contenant l'ensemble de l'ADNc rtTA. Pour la sonde LacZ: la digestion NcoI à partir du plasmide pBi3 (Baron et al, 1995) génère un fragment d'environ 3500 pb comprenant la quasi-totalité du gène LacZ. Pour la sonde hMR: la digestion Asp718/XhoI à partir du plasmide pcDNA3-hRM (Deppe et al, 2002) génère un fragment de 3666 pb, contenant l'ensemble de l'ADNc hRM. Chaque sonde est purifiée sur colonne ProbeQuant^{TM} G-50 (Amersham Biosciences), puis dénaturée à 95°C, pendant 5 min, avant d'être ajoutée directement à la solution de préhybridation. L'hybridation de la sonde s'effectue sur la nuit à 65°C, puis la membrane est rincée plusieurs fois successivement, à 65°C: 1) solution SSC 2X, rapide; 2) solution SSC 2X plus SDS 1%, 10 min; 3) solution SSC 0.2X plus SDS 0.1%, 20 min (ce dernier lavage peut-être renouvelé, si le bruit de fond est excessif).

La membrane hybridée avec la sonde marquée est exposée sur un film autoradiographique (Kodak Biomax MS-1, Sigma Aldrich) dans une cassette munie d'écrans amplificateurs. La cassette est placée à -80°C pour le temps nécessaire d'exposition (de 12 à 48h en moyenne) avant révélation du film. Pour réaliser plusieurs hybridations successives avec différentes sondes, les membranes peuvent être déshybridées puis réutilisées. La membrane est placée dans un récipient rempli de la solution de déshybridation (1 mM Tris pH 8.0, 1 mM EDTA pH 8.0, SDS 0.1%) portée à ébullition pendant 5 min, puis laissée 10 min sous agitation à température ambiante. L'opération est renouvelée 3 fois, puis la membrane est rincée pendant 10 min dans du SSC 2X.

c) Réaction de polymérisation en chaîne (PCR)

Les PCR sont réalisées en duplex c'est-à-dire qu'on

amplifie également un gène endogène (γ-actine) qui sert de contrôle interne à la PCR. Les séquences des amorces utilisées pour génotyper les souris par PCR et la température d'hybridation des amorces sont récapitulées dans le **tableau 2** suivant.

gène	sens (5'-3')	antisens (5'-3')	Tm (°C)
hMR	CCG CTT AGC AGG CAA ACA G	AGA GAT AAG GCA AAG TTC TTC TGG	60
LacZ	GAT GGG CGC CAT CGT AAC CGT GC	GTC GTT TTA CAA CGT CGT GAC T	56
tTA	ACA ACC CGT AAA CTC GCC CAG AAG	GCA ACC TAA AGT AAA ATG CCC CAC	56
rtTA2	CAT GGC AAG ACT TTC TGC GG	TTG TCT CAG AAG TGG GGG CA	56
γ-actine	GTG TTA GAC ACT GTG GAC ATG G	GAG AGA GCC ATA CCA AGA ATG G	56

De manière générale, l'amplification de séquences d'ADN par PCR est effectuée à partir d'ADN matriciel dans un volume réactionnel de 30 µL contenant du tampon de réaction PCR dilué 1X, 1,5 mM MgCl$_2$, 200 nM de chaque amorce (spécifiques de la séquence à amplifier), 167 nM de chaque amorce du gène interne, 250 µM de dNTPs, et 1.25 U de Taq ADN polymerase (Invitrogen) et 2 µL d'échantillon d'ADN, dilué au 1/10. Les PCR ont été conduites dans un thermocycleur (Robocycler gradient 96, Stratagène), selon le programme suivant, en 3 étapes principales:

1) dénaturation et activation de l'enzyme (94°C, 5 min);

2) 35 cycles comprenant une étape de dénaturation/activation (94°C, 30 sec), une étape d'hybridation des amorces à 56°C (la température d'hybridation des amorces ou Tm peut varier suivant le

182

gène étudié) (voir **tableau 2**), 45 sec et une étape d'extension (72°C, 45 sec);

3) extension finale (72°C, 7min).

Les produits PCR sont visualisés par électrophorèse (migration à faible voltage, 35V) sur gel d'agarose à 2%, afin de bien séparer les bandes correspondantes au gène étudié de celles du gène endogène.

IV-1.3.2.4 Expression du gène rapporteur

a) Coloration *in toto*.

L'activité de l'enzyme β-galactosidase est révélée par une coloration bleue, en présence d'un substrat artificiel de l'enzyme, le 5-bromo-4-chloro-3-indolyl-D-galactopyranoside (X-Gal). La solution est utilisée pour la coloration des reins de souris adultes Hoxb7-tetON2/tetO-hGR *in toto*. Ces derniers sont incubés à 37°C, à l'abri de la lumière, dans le tampon de coloration, composé de 1mg/mL X-Gal, 5 mM $K_3[Fe(CN)_6]$, 5 mM $K_4[Fe(CN)_6]$, $3H_2O$, 2 mM $MgCl_2$, 150 mM NaCl, 1X PBS.

b) Dosage quantitatif.

La quantification de l'activité β-galactosidase est réalisée par réaction colorimétrique avec l'ortho-nitro-phényl β-galactosidase (ONPG). Le clivage de ce substrat synthétique par l'enzyme libère un produit coloré dont l'apparition est suivie au spectrophotomètre. Une tranche de rein est broyée à l'aide d'un ultra-thurax dans un volume de tampon de lyse (100 µL). L'extrait protéique est dilué au 1/10 et est mélangé avec 200 µL de tampon Z (50 mM DTT, 1 mM $MgSO_4$, 60 mM Na_2HPO_4, 40 mM NaH_2PO_4, 10 mM KCl) et 75 µL de solution ONPG (4mg/mL ONPG, 60 mM Na_2HPO_4, 40 mM NaH_2PO_4). Le mélange est incubé à 37°C. La réaction est arrêtée avec du 1M Na_2CO_3 (200 µL), et la DO à 420 nM est mesurée au spectrophotomètre.

IV-2 ETUDES FONCTIONNELLES.

IV-2.1 Suivi des paramètres biologiques.

IV-2.1.1 Mesure de la pression artérielle.

IV-2.1.1.1 Mesure non invasive.

(*Ces expériences ont été réalisées par Martine Muffat-Joly (CEFI, IFR 02, Bichat, Paris) et moi-même*).

La pression artérielle systolique (PAS) et la fréquence cardiaque (FC) sont mesurées par la méthode de la pléthysmographie au niveau de la queue de l'animal conscient, placé dans une chambre de contention, chauffée à 36-37°C (Marty Technology, Phymep, Paris, France). Les souris sont conditionnées et restreintes

184

dans la chambre de contention pendant 10 min, pendant 2 jours avant de faire les mesures (période d'habituation). Des sessions quotidiennes d'enregistrement sont réalisées entre 10h et 12h, pendant 3 jours consécutifs. Chaque session comprend environ 10 mesures de PAS. La pression sanguine finale est calculée à partir de la moyenne des mesures lues et correctes (programme d'acquisition des signaux PowerLab/4SP (AD Instruments)). La fréquence cardiaque est lue au cours des enregistrements, avant la phase d'inflation de la pression. La pression à la queue détectée par un transducteur de pression (SP844, SensoNor asa, Oslo, Norvège) et les pulsations artérielles de la queue détectées par un senseur de pulse piézoélectrique (RTBO096, Kent Scientific Corporation, Torrington,

CT) sont amplifiées par un signal amplificateur Qazap 92202-02 (Bionic Instruments, Phymep, Paris, France).

IV-2.1.1.2 Mesure invasive.

(*Ces expériences ont été réalisées par Violaine Griol-Charhbili (PhD, Post-doctorant)*).

La pression artérielle par voie invasive a été obtenue sur des souris anesthésiées au pentobarbital sodique (60 mg/kg, *ip*). Les souris sont ensuite intubées, puis placées sur une couverture chauffante, afin de maintenir leur température corporelle à 37±1 °C. Un premier cathéter (PE10) est introduit dans la veine jugulaire nous permet l'injection des divers agents pharmacologiques étudiés. Le second cathéter est introduit dans la carotide droite et sert à mesurer les paramètres hémodynamiques suivants les pressions artérielles systolique et diastolique (PAS, PAD), la pression artérielle moyenne calculée (PAM = [(PAS+2 PAD)/3]) et la pression pulsée (PP = PAS–PAD), ainsi que la fréquence cardiaque (FC). Tous les paramètres évalués sont visualisés et enregistrés sur un ordinateur, à l'aide d'un système MP100 (Biopac Systems, Cerom, Paris, France).

IV-2.1.2 Expériences en cages à métabolisme.

(*Ces expériences ont été réalisées par Martine Muffat-Joly (CEFI, IFR 02, Bichat, Paris) et moi-même*).

Les souris sont placées dans des cages individuelles qui permettent le recueil des urines, par périodes de 24h, avec contrôle des prises de nourriture et de boisson. Pour un même groupe expérimental, 3 recueils d'urines sont généralement réalisés de 24h, séparés par un repos d'au moins 24h, ce qui permet aux animaux de s'adapter peu à peu au séjour en cage, et de compenser la perte de poids observée, en particulier pendant les premières 24h.

Le protocole a été adapté pour l'étude du modèle de surexpression du RG dans le canal collecteur (Hoxb7-tetON2 / tetO-hRG). En effet, les urines ont été recueillies toutes les 24h, pendant 6 jours consécutifs (J1 à J6), puis ponctuellement à J10, 17 et 21 après l'administration de doxycycline (Dox, 1 mg/mL). L'habituation a été faite pendant 2 jours, en absence de Dox (J0), puis la Dox a été administrée aux souris DT et contrôles, activant ainsi la transcription du transgène, dans l'eau de boisson, contenant 1% de saccharose pour masquer le goût amer de la Dox. Le schéma suivant récapitule le protocole expérimental suivi :

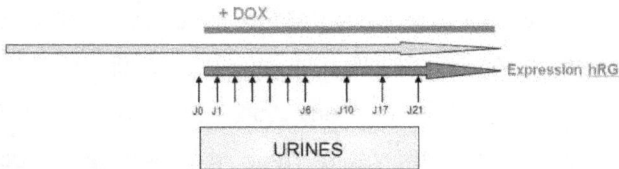

IV-2.1.3 Dosages biochimiques.

Les échantillons de sang (artériel et veineux) sont prélevés par incision au niveau de la queue des souris, à l'aide de tubes héparinés (Microvette CB 300, Sarstedt, Allemagne). Les prélèvements sanguins sont centrifugés à 4°C, à 2000 g, pendant 15 min. Les plasmas sont conservés à -20°C jusqu'aux dosages à effectuer.

IV-2.1.3.1 Concentrations ioniques.

Les dosages biochimiques pour mesurer les concentrations urinaires ou plasmatiques des électrolytes (Na^+, K^+, Cl^-) sont effectués au CEFI à la faculté X. Bichat (Centre d'Explorations Fonctionnelles Intégré, IFR 02, Faculté de Médecine X. Bichat, Paris 7, France), par Jacqueline Bauchet et Nicolas Sorhaindo. Les mesures sont réalisées sur un automate multiparamétrique Olympus AU 400.

IV-2.1.3.2 Concentrations plasmatiques et urinaires de l'aldostérone et de la corticostérone.

Les mesures de l'aldostéronémie et de l'aldostéronurie ont été réalisées par Alain Meulemans CEFI, IFR 02, Faculté X. Bichat, Paris 7, France), à partir de 60 µL de plasma. La concentration de corticostérone circulante est mesurée à l'aide d'un kit de dosage radioimmunologique (MP Biomedicals & QBiogene, Illkirch, France), selon les instructions du fournisseur.

IV-2.1.3.3 Concentration de la rénine plasmatique (PRC).

(Cette expérience a été mise au point au laboratoire par

188

Violaine Griol-Charhbili).

La PRC (µg Ang I/mL/h) est déterminée par radioimmunologie, par la mesure de la quantité d'Ang I, générée par le plasma incubé pendant 1h à pH 8.5, en présence d'un excès d'angiotensinogène de rat, selon Ménard et al (Ménard et Catt, 1972).

IV-2.1.4 Prélèvements des tissus.

IV-2.1.4.1 Immunohistochimie: Hybridation in situ.

Ces expériences ont été réalisées en collaboration avec Maud Clemessy et Dr Gasc (Inserm U833 (ex-U36), Collège de France, Paris), à partir de tranches de reins des souris VEcadh-tetOFF/tetO-hMR, fixées au paraformaldéhyde 4%, puis incluses en paraffine (Citadel Shandon), et coupées à 7 et 10 µm. L'ARN messager de la rénine est ainsi mis en évidence au niveau de l'appareil juxta-glomérulaire. L'analyse du marquage de la rénine se fait par microscopie optique, par l'attribution d'un score à chaque glomérule (Pietri et al, 2002). On a évalué environs 100 glomérules en leur attribuant un score allant de 0 à 5, suivant l'intensité du marquage (0: pas de marquage − 5: marquage très fort). L'index de marquage final est calculé selon la formule suivante:

$$\frac{(n_0 \times 0) + (n_1 \times 1) + (n_2 \times 2) + (n_3 \times 3) + (n_4 \times 4) + (n_5 \times 5)}{N_{total}}$$

n_i: correspond au nombre de glomérules ayant un score de i. N_{total}: correspond à la somme de glomérules comptés.

IV-2.1.4.2 Microdissection des tubules rénaux.

(*Les dissections ont été réalisées par le Dr Farman selon le protocole décrit précédemment Farman et al, 1983).*

Après sacrifice des souris contrôles et double-transgéniques Hoxb7-tetON2/tetO-hRG, 1-2 mL d'une solution filtrée de collagénase (milieu de culture DMEM/HamF12, collagénase A 1 mg/mL (Roche Diagnostics, anheim, Allemagne) et SVF 2%) sont injectés au niveau du rein gauche. Le rein est excisé en petites tranches qui sont incubées à 37°C pendant 45 min dans la solution de collagénase. La microdissection est effectuée sous loupe binoculaire afin d'isoler le tubule proximal (PCT et PR), la partie corticale de l'anse ascendante de Henlé (cTAL), le tube contourné distal (DCT), le tubule connecteur (CNT) et le tubule collecteur cortical (CCD). Plusieurs tubules pour chaque segment du néphron (environ 10 mm de longueur) sont transférés dans une solution contenant du tampon de lyse (Tampon RA1, Macherey-Nagel,

Hoerdt, France) et 1% de β-mercaptoéthanol.

IV-2.1.4.3 Immunolocalisation.

L'immunodétection du transgène (hRG) et de l'endogène RG a été réalisée par Maud Clemessy, à partir des coupes de reins en paraffine. Un anticorps anti-RG polyclonal de lapin E20 (Santa Cruz, dilution 1/2000) est utilisé pour détecter le transgène hRG, alors que l'endogène RG est détecté par un anticorps anti-RG polyclonal de lapin M20 qui reconnaît le rat et la souris (Santa Cruz, dilution 1/2000).

IV-2.2 Réactivité vasculaire.

IV-2.2.1 *Ex vivo* : artères mésentériques, artères coronaires et aortes.

(*Ces expériences ont été réalisées pour les études sur les artères mésentériques, en collaboration avec l'équipe du Dr Daniel Henrion (CNRS UMR 6188, Angers, France), pour celles sur les artères coronaires, en collaboration avec l'équipe du Dr Vincent Richard (Inserm U644, Rouen, France), et pour les études sur l'aorte, par Violaine Griol- Charhbili, au laboratoire*).

Un des objectifs de ma thèse a été de caractériser les altérations de la réactivité vasculaire dans notre modèle de surexpression conditionnel du RM dans l'endothélium. Les paramètres explorés sont des paramètres fonctionnels, tels que l'étude de la réactivité des cellules musculaires lisses (réponse aux agents vasoconstricteurs et vasodilatateurs endothélium-indépendants), et des cellules endothéliales (réponse aux agents vasodilatateurs endothélium-dépendants). Ces paramètres ont été déterminés grâce à un myographe (Mulvany et Halpern, 1977). Cet appareil permet de mesurer la réactivité vasculaire soit passive (relation pression-diamètre), soit active (réponse aux agents vasoconstricteurs) d'un segment isolé dans une chambre d'organe. Cette technique n'est applicable que pour des artérioles ou artères de petit calibre (< 1 mm de diamètre).

Deux fils en tungstène inextensibles sont passés dans la lumière du vaisseau permettant de soumettre ce dernier à différentes forces d'étirement et de mesurer les forces ou tensions générées par le segment artériel étudié. Pour l'étude des propriétés fonctionnelles, le vaisseau est placé dans des conditions isométriques c'est-à-dire que les forces développées par le vaisseau en réponse aux agents contractants ou relaxants sont mesurées à un diamètre interne donné.

Cette technique présente néanmoins quelques limites:

1) le dommage traumatique inégal de l'endothélium par le passage du fil métallique doit être considéré, mais il paraît négligeable; 2) le segment artériel dans le myographe est soumis à des forces parallèles au plan de la média alors que ces forces sont radiales lorsque le vaisseau est soumis *in vivo* à une pression de distension physiologique; 3) le segment artériel n'est pas perfusé, or le débit via l'endothélium peut influencer la réactivité vasculaire.

<u>Prélèvements</u>: sous loupe binoculaire, l'artère coronaire septale et l'artère mésentérique de troisième ordre sont délicatement isolées et nettoyées des adhérences graisseuses et des tissus adjacents. Les vaisseaux étudiés (cœur, aorte et une partie du mésentère) sont immédiatement placés après prélèvement dans une solution de Krebs glacée et oxygénée dont la composition est la suivante (en mmol/L): NaCl 118.3, KCL 4.7, $CaCl_2$ 2.7, $NaHCO_3$ 25, $MgSO_4$ 1.2, KH_2PO_4 1.2, glucose 5.

<u>Montage des vaisseaux sur le myographe de Mulvany</u>: une fois isolée, chaque artère (2 mm de long) est transférée dans le myographe (Modèle 400A, JP Trading, Aarhus, Danemark), comprenant une cuve avec deux mâchoires remplie de la solution de Krebs

oxygénée par le mélange 95% O_2 + 5% CO_2 (pH 7.4).
Chaque segment artériel est attaché à l'aide de 2 fils
inextensibles en tungstène (de diamètre différent selon
le segment d'artère considéré) passés dans la lumière
du vaisseau, et pour l'autre à une jauge de contrainte
permettant d'enregistrer la tension isovolumétrique
développée par le vaisseau. La disposition générale de
la préparation est illustrée **Figure IV-3**. Le montage du
vaisseau dans le myographe s'effectue également sous
une loupe binoculaire. Après le montage, une période
de repos dans le myographe de 45 min est respectée
pendant laquelle la température du myographe se
stabilise à 37°C. Etablissement des conditions de
mesure optimales: les réponses contractiles aux divers
agonistes d'une artère dépendent soit de son degré
d'étirement soit, à longueur constante de son diamètre
interne. Ainsi, les conditions de tension basale imposée
au vaisseau, ou du diamètre interne normalisé, doivent
préalablement être définies pour chaque type d'artère.
Le diamètre d'un vaisseau dépend de la structure de
sa paroi et de la pression transmurale.

Réalisation des courbes concentration-réponse: l'étude
de la réactivité vasculaire est réalisée en exposant le
vaisseau à des concentrations croissantes d'agents

194

vasoactifs administrés dans la cuve du myographe remplie de liquide physiologique. A chaque concentration correspond une force exercée par le vaisseau, lue sur l'enregistreur. Une période minimale de repos de 20 minutes est respectée entre chaque courbe. Afin d'étudier la relaxation endothélium-dépendante, nous avons choisi d'utiliser l'acétylcholine (ACh) qui est l'agent pharmacologique le plus souvent utilisé pour étudier les réponses endothélium-dépendantes sur ces artères (maximum de relaxation en réponse à l'ACh (10^{-5}M)).

Les réponses relaxantes de l'artère coronaire ont été évaluées après précontraction de l'artère par la sérotonine (5-HT) à la concentration submaximale (~3.10^{-6}M). Une courbe de relaxation endothélium-dépendante en réponse à des concentrations croissantes d'acétylcholine (ACh, 3.10^{-9}-10^{-5}M) et une courbe de relaxation endothélium-indépendante, en réponse à des concentrations croissantes de nitroprussiate de sodium (NPS, 3.10^{-9}-10^{-5}M) ont été déterminées sur chaque segment artériel.

Les réponses relaxantes de l'artère mésentérique ont été évaluées après précontraction de l'artère par le KCl (60 mM). Une courbe de relaxation endothélium-dépendante, en réponse à des concentrations

195

croissantes d'Ach, de bradykinine (10^{-9}-10^{-5} M) et une courbe de relaxation endothélium-indépendante en réponse à des concentrations croissantes de nitroprussiate de sodium (NPS, 10^{-8} à 3.10^{-5} M) ont été déterminées sur chaque segment artériel.

Les valeurs de relaxation obtenues sur chaque artère ont été exprimées en pourcentage de relaxation par rapport à la précontraction initiale induite par la 5-HT ou la PhénylEphrine.

Afin d'étudier l'implication du monoxyde d'azote (NO) dans la relaxation endothélium-dépendante à l'Ach des artères coronaire et mésentérique de souris, nous avons utilisé comme inhibiteur de la NO synthase, respectivement la L-nitro-arginine (LNNA), et le L-NAME. La dose utilisée a été de 10^{-4} M, qui est une dose suffisante pour entraîner un blocage complet de la NOS endothéliale (Richard et al, 1994 ; Varin et al, 1999).

Dans le but de déterminer le niveau d'implication des canaux SK_{Ca}, IK_{Ca} et BK_{Ca} dans les relaxations NO indépendantes en réponse à l'Ach, la réactivité aortique est mesurée après pré-incubation pendant 30 minutes avec des bloqueurs spécifiques de ces canaux, la charybdotoxine (Chbtx), l'apamine et l'ibériotoxine (Ibtx) à la concentration de 10^{-7} M. Entre 2 courbes concentration-réponse, avant une éventuelle incubation avec un agent pharmacologique, le vaisseau est rincé plusieurs fois avec la solution physiologique de Krebs oxygénée et maintenue à 37°C. Tous les agents pharmacologiques utilisés pour les tests *in vitro* ont été fournis par Sigma, France, sauf indiqué spécifiquement.

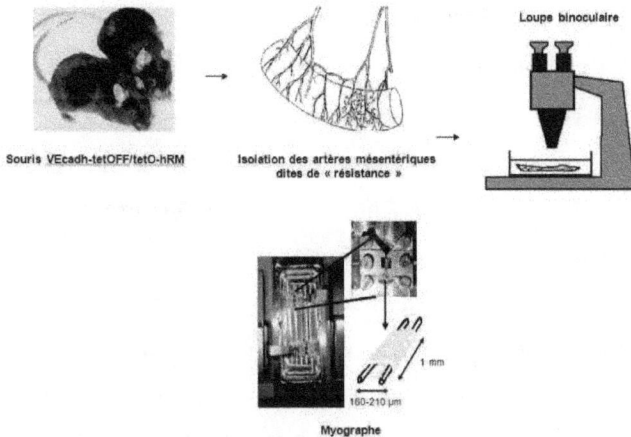

Fig IV.3 Principe du myographe.
(Mulvany et Halpern, 1977)

L'appareil de myographe permet d'enregistrer des variations de tensions isométriques de segments d'artères. Il permet ainsi de mesurer la réactivité vasculaire soit passive (relation pression-diamètre), soit active (réponse aux agents vasoconstricteurs) d'un segment isolé dans une chambre d'organe.

IV-2.2.2 *In vivo.*

Après montage chirurgical de la souris selon le

protocole décrit au paragraphe **IV-2.1.1.b**, les paramètres hémodynamiques de base (PAS, PAD, PAM, PP et FC) sont enregistrés. Après stabilisation, toutes les souris reçoivent ensuite systématiquement une dose de noradrénaline (1 µg/kg, *iv*). Parmi les agonistes, nous avons testé les effets de l'Ang II (gamme de doses croissantes 0.0625-2 µg/kg, *iv*), et de l'ET1 (gamme de doses croissantes 1.25–3.0 pmol/kg, *iv*) chez les animaux sauvages et double-transgéniques (DT).

IV-2.3 Techniques d'exploration vasculaire.

(*Ces expériences ont été réalisées en collaboration avec l'équipe du Dr Patrick Lacolley (Inserm U 689, Vandoeuvre-les-Nancy, France)*

IV-2.3.1 Echotracking vasculaire.

La technique d'échotracking permet de mesurer *in vivo* les propriétés mécaniques des artères. Les mesures ont été réalisées *in vivo* sur des artères carotides de souris contrôles et VEcadh-tetOFF/tetO-hRM, préalablement anesthésiées au pentobarbital sodique (60 mg/Kg/j) (Mercier et al, 2006). Des mesures de pression artérielle et de diamètre intra-artériel ont été effectuées à l'aide d'un dispositif à ultrasons (modèle NIUS-01, Asulab, Neuchâtel, Suisse) au niveau de la carotide gauche des souris. La relation entre la pression et l'aire de section de l'artère (CSA pour *cross-sectional area*) est obtenue en utilisant une fonction arctangentielle qui permet de calculer des valeurs de distensibilité et de compliance artérielles. Ces deux paramètres permettent d'estimer le comportement global élastique de l'artère. Un troisième paramètre calculé, le module élastique incrémental (Einc), exprime le comportement mécanique du matériau constituant la paroi vasculaire. Une mesure échographique de l'épaisseur intima-média de la paroi artérielle carotidienne est également mesurée par cette technique.

IV-2.3.2 Histomorphométrie et immunohistochimie.

Les artères carotides ont ensuite été fixées par la formaline sous pression *in vivo* puis isolées et montées dans un bloc de paraffine. Des coupes transversales de ces artères paraffinées ont alors été réalisées. Ces coupes sont colorées avec:

1) l'hématoxyline et l'éosine, pour colorer respectivement les noyaux et le cytoplasme des cellules

2) le rouge Sirius F3P, pour marquer le collagène

3) la résorcine-fuchsine (méthode de coloration de

Weigert), pour marquer les fibres élastiques.

La composition de la matrice et l'aire de section (CSA) sont déterminées par l'analyse colorimétrique à l'aide d'un ordinateur.

Différents marquages immunohistochimiques ont aussi été réalisés sur ces coupes à l'aide d'un anticorps dirigé contre l'α-actine du muscle lisse (αSMA) (Dakopath, France, dilution 1/600) ainsi qu'un anticorps anti-Ki-67 (clone SP6, Labvision, Westinghouse, CA, USA, dilution 1/100) et un anticorps anti-caspase 3 (BD Pharmingen, France, dilution 1/50) permettant de mesurer respectivement la fraction des cellules prolifératives et apoptotiques du muscle lisse dans la média. Les anticorps sont chauffés pendant 5 min dans une solution d'EDTA (0.5M-pH 8.0), incubés sur les coupes pendant 16h à 4°C, puis détectés à l'aide d'un anticorps biotinylé streptavidine-peroxidase. Enfin, la liaison à la peroxidase est détectée par le système Novared (Vector Laboratories, Biovalley, Conches, France).

IV-2.4 Hémodynamique.

IV-2.4.1 Sur l'organisme entier: microsphères fluorescentes.

(Ces expériences ont été réalisées par Violaine Griol-

Charhbili, pour la partie chirurgicale et moi-même, pour la partie extraction des fluosphères, en collaboration avec le Dr Christine Richer-Giudicelli, Centre des Cordeliers).

Ces expériences ont permis une mesure précise du débit cardiaque, une évaluation des débits régionaux et une estimation de la résistance périphérique totale (RPT) (Richer et al, 2000).

Pour chaque animal, un premier cathéter est introduit dans une artère fémorale afin de prélever l'échantillon de référence (sang). Un second cathéter est placé dans le ventricule gauche (VG), via la carotide droite, pour évaluer la pression du ventricule gauche (PVG), le maximum de la dérivée première par rapport au temps de la PVG (dP/dt$_{max}$), et pour injecter les microsphères. Tous les paramètres évalués sont visualisés et enregistrés sur un ordinateur à l'aide d'un système MP100 (Biopac Systems, Cerom, Paris, France).

Les microsphères fluorescentes (Triton technology, Californie, Etats-Unis) sont des sphères en polystyrène (15±1 μm de diamètre). Les fluosphères injectées dans le VG qui constitue une chambre de mélange, vont se répartir dans la circulation et vont être piégées dans les différents organes, du fait de leur diamètre supérieur au diamètre des capillaires et ce, *au prorata* du débit sanguin respectif de ces organes. La fluorescence extraite au niveau des organes est fonction de deux paramètres: la fraction du débit cardiaque reçue par 'organe par unité de temps et la fluorescence totale injectée.

$$\frac{DC}{Ft} = \frac{Di}{Fi}$$

DC: débit cardiaque (mL/min)
Di: débit de l'organe (mL/min)
Ft: intensité de la fluorescence totale injectée
Fi: intensité de la fluorescence de l'organe

Le débit cardiaque est mesuré par la méthode de « l'échantillon de référence ». Elle consiste à prélever un échantillon de sang, dit de référence, à l'aide d'une seringue électrique branchée en dérivation sur la circulation générale de l'animal. Un organe matérialisé par la seringue qui possède un débit connu et fixé est ainsi créé. Comme tout organe, la seringue de prélèvement reçoit un nombre de fluosphères proportionnel à la fraction du débit cardiaque.

$$\frac{Dref}{Fref} = \frac{Di}{Fi} = \frac{DC}{Ft}$$

Dref: débit de référence (mL/min)

202

Fref: intensité de la fluorescence du sang de référence

Les débits sont ensuite ramenés au poids des organes pour les débits sanguins régionaux (mL/min/g).

La technique des fluosphères nécessite une séparation des sphères contenues dans les organes ou le sang de référence, puis l'extraction des fluorophores. Le traitement des échantillons s'effectue donc en 3 étapes: 1) la digestion des organes et du sang de référence (dans la potasse, KOH 16N pour les échantillons de sang et KOH 4N pour les tissus, durant 24h à température ambiante); 2) l'isolement des fluosphères (filtration sous vide des échantillons préalablement digérés sur des filtres de pores de 10 µm retenant sélectivement les fluosphères); 3) l'extraction et la quantification de la fluorescence.

La mesure de la fluorescence dans un échantillon ne s'effectue qu'après dissolution des sphères et extraction des fluorophores dans un solvant: le 2-éthoxyéthyl acétate ou acétate de cellosolve. La fluorescence est déterminée à l'aide d'un spectrofluorimètre (Perkin-Elmer LS-50, Ueberlingen, Allemagne).

IV-2.4.2 Locale: écho-Doppler vasculaire.

(Ces expériences ont été réalisées par le Dr Philippe Bonnin (Inserm U689, Hôpital Lariboisière, Paris 7,

France)).

L'écho-Doppler vasculaire chez le petit animal permet d'estimer les résistances hémodynamiques locales, au niveau de l'artère rénale droite, par mesure de la vitesse du flux sanguin à ce niveau. Le principe est celui de l'échographie Doppler à haute fréquence, utilisant une sonde ultrasonore de 14 MHz, placée en coupe paraventrale de la souris, anesthésiée au gaz isoflurane 1% (Bonnin et Fressonnet, 2005; Renault et al, 2006).

IV-3 ETUDES MOLECULAIRES.

IV-3.1 Extraction des ARNs totaux à partir de tissus.

La technique d'extraction des ARNs totaux à partir d'environ 100 mg de tissus est réalisée selon les étapes suivantes:

1) <u>Homogénisation</u>: On broie le tissu congelé dans 750 µL de Trizol (solution de phénol) (Invitrogen), dans des tubes de lyse spécifiques (Lysing matrix D, QBiogene, Illkirch, France) contenant des billes de broyage, placés dans un agitateur tridimensionnel (Fastprep, FP120, Savant, France), qui permet de les agiter pendant 45 sec à vitesse maximale. Les tubes sont laissés ensuite 5 min dans la glace. Si le broyage est incomplet, on renouvelle l'étape de broyage.

2) Séparation des phases: On ajoute 200 µL de chloroforme et on agite les tubes par retournement pendant 15 sec, puis on laisse incuber l'homogénat pendant 2 min à température ambiante (15-20°C), avant de centrifuger les tubes 15 min, à 12000g, à 4°C. Après la centrifugation, le mélange se sépare en une phase inférieure rouge, contenant le phénol et le chloroforme, une interphase et une phase supérieure aqueuse peu colorée. Les ARN restent exclusivement dans la phase aqueuse. On prélève la phase aqueuse (environ 60% du volume de Trizol utilisé pour l'homogénisation) et on la transfère dans un nouveau tube.

3) Précipitation des ARNs: Pour précipiter l'ARN, on ajoute 500 µL d'isopropanol à 100% et on agite les tubes par retournement pendant 15 sec, avant de les laisser incuber pendant 10 min à température ambiante (15-20°C). On centrifuge ensuite les tubes 10 min, à 12000g, à 4°C. L'ARN précipité forme un culot translucide au fond du tube.

4) Lavage de l'ARN: On enlève le surnagent et on lave le culot d'ARN avec 500 µL d'éthanol 75%. On agite les tubes et on centrifuge pendant 5 min, à 7500g, à 4°C.

5) Dissolution du culot: Le surnageant est enlevé à l'aide

d'une pipette et le culot est mis à sécher pendant 1 min, à 37°C Quand le culot est sec, on ajoute 30 à 60 µL d'eau, selon la taille du culot. Les tubes sont laissés au moins 1h dans la glace, puis chauffés à 65°C pendant 5 min. L'ARN est resuspendu à la pipette, puis sa concentration est déterminée à partir des mesures de l'absorbance (Densité optique ou DO) à 260 nM au spectrophotomètre. Une partie de l'ARN (20 µg) est traité à la DNase I (Ambion, Applied Biosystems, Courtaboeuf, France), pendant 1h à 37°C.

Pour des extractions d'ARNs totaux à partir de moins de 20 mg de tissus comme l'aorte, le lit mésentérique, les artères coronaires, mais aussi les segments tubulaires microdisséqués, les principales étapes de séparation des phases, de précipitation de l'ARN, de lavage de l'ARN et de resuspension de ce dernier dans un petit volume d'eau (< 20 µL), sont conservées, mais on utilise un kit d'extraction de chez Macherey-Nagel (Nucleospin RNA II, Hoerdt, France), qui y inclut une étape de traitement à la DNase (fournie par le kit). Cependant, pour l'aorte et les autres vaisseaux, l'étape de broyage est cruciale et requiert l'utilisation d'un mortier et de cure-dents stériles. J'ai mis au point ce protocole, après de nombreuses tentatives d'extraction avec les différents protocoles en vigueur, qui appliqués seuls, ne me permettaient pas d'obtenir une quantité suffisante d'ARN. L'aorte encore congelée est ainsi broyée dans un mortier refroidi, par un petit volume d'azote liquide, à l'aide d'un cure-dent. Puis, on ajoute 350 µL de Trizol et on broie de nouveau le tissu, jusqu'à obtenir de petits morceaux de vaisseau. On laisse le tube 5 min à température ambiante, puis on ajoute 150 µL de chloroforme. On agite le tube pendant 30 sec et on laisse reposer pendant 3 à 5 min à température ambiante. Après centrifugation pendant 15 min, à 12000g, à 4°C, on récupère la phase aqueuse que l'on transfère dans un nouveau tube et on ajoute 350 µL d'éthanol 75%. Ensuite, on suit les étapes du kit Macherey-Nagel (Nucleospin RNA II, Hoerdt, France), à partir de l'étape 4 de liaison de l'ARN.

IV-3.2 RT-PCR.

La synthèse de l'ADN complémentaire (ADNc) est réalisée en utilisant le kit Superscript II Reverse Transcriptase (Invitrogen). 2 µg d'ARN traité préalablement à la DNase I, sont mis en incubation à 70°C pendant 10 min avec 1 µg de random primers (hexamères qui servent d'amorces et qui vont venir s'hybrider au hasard sur la matrice) dans un volume final de 24 µL, puis rapidement refroidis sur glace. On ajoute ensuite pour chaque échantillon, 14 µL de « mix RT » comprenant 8 µL de tampon 5X first strand, 4 µL de 0,1M DTT et 2 µL de dNTPs. La réaction de transcription inverse est débutée après ajout de 1µL de transcriptase inverse Superscript II (200 U/µL, Invitrogen, Cergy Pontoise, France), puis mise en incubation à 42°C pendant 50 min. Enfin, une incubation de 15 min à 70°C arrête la réaction en inactivant l'enzyme. Une PCR est ensuite réalisée avec 2 µL de mélange de transcription inverse en utilisant les deux amorces sens et antisens. Les produits de PCR sont ensuite séparés sur un gel d'agarose à 1% et visualisés sous la table UV.

IV-3.3 RT-PCR en temps réel.

Principe: La PCR en temps réel vise à déterminer la quantité d'ARN messagers issus de la transcription d'un gène cible. Les seuils de détection sont relativement faibles. L'ordre d'apparition du produit de PCR dans différents échantillons reflète la quantité de produit matriciel initialement présent dans le mélange réactionnel. Le dispositif expérimental disponible au laboratoire est un iCycler (Biorad Laboratories).

Le SYBR Green I, fluorophore présent dans le mélange

réactionnel, est excité à 485nm et émet une fluorescence verte à 520 nm. Le SYBR Green I est un agent intercalant qui devient fluorescent sous excitation à une certaine longueur d'onde, lorsqu'il est inséré dans le double brin d'ADN. Une lecture de la fluorescence au cours de chaque cycle permet de suivre la progression de l'amplification et donne une estimation de la quantité de produit PCR formé en temps réel.

Conditions PCR: La PCR est réalisée dans un volume réactionnel final de 25 µL, avec le kit Mastermix qPCR (Eurogentec, Angers, France) qui contient le tampon de réaction, les nucléotides, le fluorochrome SYBR Green I, la Taq polymerase Hot start. Les amorces (300 nM) spécifiques de l'ADN à amplifier sont choisies à l'aide du logiciel Primer 3. Les réactions de PCR sont préparées dans des plaques à demi-jupe (AB Gene), où l'on dépose 3 µL de l'ADN d'intérêt dilué au 1/10ème.
Le programme se fait en 2 étapes: 40 cycles comprenant une étape de dénaturation de 15 sec à 95°C et une étape d'hybridation de 1 min à 60°C, avec détection de la fluorescence à la fin de chaque cycle. A l'issue du dernier cycle, les échantillons sont chauffés à 95°C et refroidis rapidement à 65°C pendant

30 sec. Ensuite, la température est augmentée progressivement (0,1°C/seconde) et la fluorescence mesurée en continu afin d'obtenir la courbe de fusion des produits PCR.

L'analyse des courbes d'amplification et de fusion des réactions est menée à l'aide du logiciel iCycler, fourni avec l'appareil.

Normalisation: méthode de calcul $2^{-\Delta\Delta Ct}$: Toutes les méthodes de quantification des ARN messagers dans un tissu sont fondées sur l'étude en parallèle d'un gène de référence, dont on considère que la quantité d'ARN ne varie pas entre les échantillons et les conditions expérimentales. Il existe de nombreux gènes de référence (18S, GAPDH, HPRT, etc.), mais aucun n'est universel, le choix dépend des tissus et des conditions expérimentales. Le Ct correspond au cycle de PCR à partir duquel on considère que l'amplification est linéaire. Ce cycle est calculé par le logiciel qui gère l'appareil et l'analyse du signal. Le ΔCt correspond à la différence de Ct entre le gène cible et le gène de référence. Cette méthode permet d'intégrer directement les quantités d'ARN messagers du gène cible à ceux de sa référence. Le ΔΔCt représente la différence entre le ΔCt de l'échantillon et la moyenne des ΔCt des contrôles, utilisé comme référence. Les quantités absolues sont calculées selon la formule $2^{-\Delta\Delta Ct}$.

IV-4 ANALYSES STATISTIQUES.

Le logiciel JMP6 (nouvelle version de Statview) a été utilisé pour les analyses statistiques de comparaison des variances à 2 facteurs (par exemple pour les expériences de cages à métabolisme, facteur 1: génétique (Contrôles *vs* DT) et facteur 2: temps d'induction par la Dox).

Les résultats concernant la réactivité vasculaire sont exprimés pour les réponses relaxantes, en pourcentage de dilatation (après précontraction au KCl 60 mM), pour les réponses vasoconstrictrices en force (mN). Les différentes réponses sont comparées en utilisant une analyse de variance ANOVA à 2 facteurs (facteur 1: génétique, facteur 2: concentration de l'agent vasoactif testé).

Pour les expériences de RT-PCR quantitative, le test statistique utilisé est le test non apparié *t* de Student. Tous les résultats sont exprimés sous forme de moyenne ± erreur standard (sem). Dans toutes les expériences, le « n » représente le nombre d'animaux à partir desquels les prélèvements de tissus ont été réalisés.

Les valeurs de p<0.05 sont considérées comme statistiquement significatives.

RESULTATS.

« C'est dans l'effort que l'on trouve la satisfaction et non dans la réussite. Un plein effort est une pleine victoire. »

Gandhi

(Extrait de « Lettres à l'Âshram »)

CHAPITRE V – RESULTATS: MODELE DE SUREXPRESSION CONDITIONNELLE DU RG DANS LE CANAL COLLECTEUR RENAL.

V-1 MODELE CELLULAIRE: CELLULES RCCD2-TETON2

Un de nos objectifs a été de développer un modèle cellulaire utilisant un nouveau système d'expression inductible tetON de $2^{\text{ème}}$ génération, dans un contexte *ex vivo* et *in vivo*, au niveau du tubule collecteur. L'intérêt de développer des lignées cellulaires stables réside dans l'étude d'une réponse spécifique au niveau cellulaire, par exemple pour étudier les conséquences de l'action directe d'une molécule (hormones, inhibiteurs) dans le type cellulaire considéré, alors qu'*in vivo*, cette réponse serait plus difficile à appréhender, la réponse de l'organisme entier devant être pris en compte.

V-1.1 Etablissement de la lignée RCCD2

Pour établir un système tetON inductible dans des cellules de canal collecteur rénal, nous avons utilisé la lignée de cellules du canal collecteur cortical de rat, RCCD2. Ces cellules présentent plusieurs caractéristiques des cellules natives du CCD, notamment une résistance transépithéliale élevée, un transport transépithélial actif pour les ions Na+ et une sensibilité à l'hormone AVP et à l'isoprotérénol (Blot-Chabaud et al, 1996 ; Djelidi et al, 2001). De plus, les cellules RCCD2 ont conservé l'expression endogène du RM. Cette lignée RCCD2 avait été utilisée pour la mise en place du système inductible Cre/LoxP, au laboratoire, par Antoine Ouvrard-Pascaud (Ouvrard-Pascaud et al, 2004).

V-1.1.1 Le système tetON de deuxième génération.

Le système tetON est une variante du système tetOFF (voir chapitre **IV-1.2.1**), développé par l'équipe de Bujard, qui utilise la protéine transactivatrice rtTA (*reverse* tTA), laquelle reconnaît le promoteur inductible tetO en présence de tétracycline ou de ses dérivés (la Doxycycline, Dox).

Des améliorations ont été apportées au système tetON original, afin de réduire le niveau d'expression basale et d'augmenter la sensibilité du système à la Dox. Le système tetON de 2ème génération (tetON2) présente l'avantage d'être plus stable et plus sensible à la Dox, et possède un niveau d'activité basale beaucoup plus faible dans l'état non induit que le système tetON de 1ère génération (Urlinger et al, 2000; Lamartina et al, 2002,

2003).

V-1.1.2 Choix du clone RCCD2-tetON C9.

Après transfection stable des cellules RCCD2 avec la construction plasmidique, utilisant le système tetON de 2ème génération, CMV-rtTA2^{S}M2 (Puttini et al, 2001), nous avons obtenu des clones de cellules RCCD2-tetON2 qui expriment ainsi de manière constitutive le transactivateur rtTA2. Ces clones ont été alors transfectés de manière transitoire avec une construction tetO-LacZ, qui porte le gène rapporteur LacZ sous le contrôle d'un promoteur minimal tetO, inductible par la doxycycline (Dox).

Après sélection de plusieurs clones, en présence de Dox, l'activité de la β-galactosidase est mesurée en présence et en absence de Dox (**Figure V.1**). Le clone RCCD2-tetON2

C9 présente l'activité β-Gal la plus élevée (20 fois supérieure), en présence de Dox, alors que son activité basale (en absence de Dox) est très faible. Donc, le système tetON 2 est bien inductible.

L'activité β-Gal sans Dox est comparable à celle des cellules RCCD2 témoins, ce qui témoigne de l'absence de fuite du système conditionnel.

216

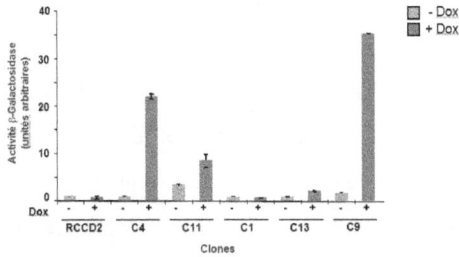

Figure V.1 Activité β-galactosidase: choix du clone 9.
Mesure de l'activité de la β-galactosidase (β-Gal) en présence (+) et en absence (-) de Doxycycline (Dox) chez plusieurs clones sélectionnés, en présence de Dox. Le clone RCCD2-tetON2 C9 présente l'activité β-Gal la plus élevée, en présence de Dox, alors que son activité basale (en absence de Dox) est très faible, égale à celle des cellules RCCD2 témoins.

Le clone 9 possède toutes les caractéristiques du système tetON de 2ème génération: une meilleure sensibilité à la Dox (**figure V.2**) et un niveau d'activité basale très faible. C'est pour ces raisons qu'il sera utilisé pour les expériences futures.

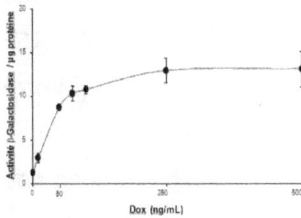

Fig. V.2. Courbe dose-réponse du clone RCCD2-tetON C9.

L'activité β-Gal est mesurée pour le clone RCCD2-tetON C9, transfecté transitoirement avec la construction pmin-LacZ, et cultivé en présence de doses croissantes de Dox (0, 50, 250 et 500 ng/mL), pendant 48h. Les valeurs sont exprimées en moyenne ± sem (n=3).

V-1.1.2 Expression et activité du récepteur des glucocorticoïdes (RG).

Le niveau de transactivation d'un récepteur dépend soit de la concentration du ligand soit de la quantité de récepteur. Dans le cas du RG et à niveau de ligand constant, nous avons voulu savoir si le niveau de transactivation du récepteur est dépendant du niveau d'expression du récepteur, autrement dit si le niveau d'expression du récepteur est un facteur limitant. Le but de l'expérience est donc d'avoir un niveau de ligand constant et un niveau d'expression du récepteur gradué. Pour cela, la région codante du récepteur des glucocorticoïdes humain (hRG) est placée sous le contrôle du promoteur minimal tetO, activé par le transactivateur tetON2, en présence de Dox (**Figure V.3.a**). L'expression du hRG est étroitement contrôlée par la dose de Dox (0, 50 et 500 ng/mL). En effet, l'analyse en Western Blot montre que l'expression protéique du hRG est augmentée en fonction de la dose de Dox, tandis que celle du RG endogène (rat, rRG) est inchangée quelque soit la dose de Dox (**Figure V.3.b**). En absence de Dox, la protéine hRG n'est pas exprimée, le système inductible ne comporte donc pas de fuite d'expression.

Fig. V.3.a)

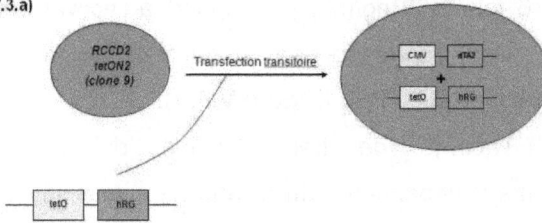

Fig. V.3.b)

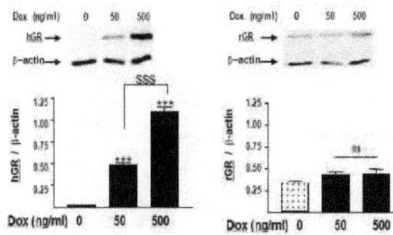

Expression du RG exogène (hRG) et endogène (rRG).

L'analyse de l'expression protéique du hRG par Western Blot montre, en présence de Dox (50 et 500 ng/mL), une expression dose-dépendante, tandis qu'en absence de Dox, le gène hRG ne s'exprime pas.
De plus, l'expression protéique du gène endogène rRG est inchangée.
Les valeurs sont exprimées en moyenne ± sem. ***, $$$: p<0.05, test non paramétrique de Mann-Whitney ; ns: non significatif.

L'activité de transactivation du récepteur est reflétée par l'activité de la luciférase, utilisée comme gène rapporteur. Après co-transfection transitoire des cellules RCCD2-clone 9 avec les constructions plasmidiques tetO-hRG et MMTV-Luciferase (**Figure V.3.c**), l'activité de la luciférase est mesurée au luminomètre. Le promoteur MMTV (*Mouse mammary tumor virus*) contient des séquences GRE (*Glucocorticoid responsive element*). Les stéroïdes endogènes contenus dans le serum suffisent à activer la transcription du gène rapporteur de la luciférase et la mesure de son activité montre qu'elle est augmentée de 3 fois (Dox 50 ng/mL) et de 6 fois (500 ng/mL) par rapport à l'activité basale (sans Dox), correspondant à l'activité du récepteur endogène (RG ou RM) (**Figure V.3.d**).

Ainsi, l'activité de transactivation du hRG est étroitement dépendante du niveau d'expression du RG, selon la dose de Dox (0, 50 et 500 ng/mL) à concentration de ligand constant.

Fig. V.3.c)

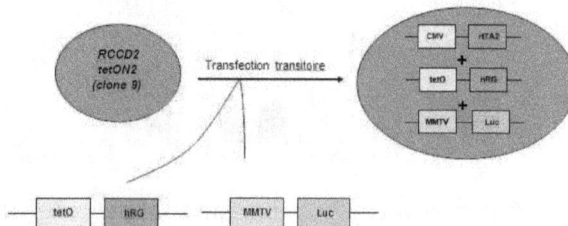

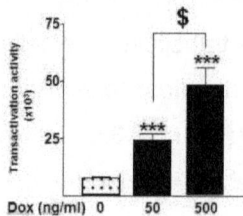

Fig. V.3.d) Activité du RG.

L'activité de la luciférase reflète l'activité du récepteur RG. L'activité de la luciférase augmente en fonction des concentrations de Dox (50 et 500 ng/mL).
L'activité basale, en absence de Dox, correspond à celle obtenue avec le plasmide contrôle pBi-BS+MMTV-luciférase.
Les valeurs sont exprimées en moyenne ± sem. ***, $: p<0.05, test non paramétrique de Mann-Whitney.

V-1.2 Conclusion

Nos travaux montrent ici clairement qu'en changeant le niveau d'expression du récepteur, sans modifier la concentration de ligand, nous augmentons l'activité du récepteur. Le niveau d'expression du récepteur devient le facteur limitant. Cette conclusion est importante à retenir pour la suite de nos travaux *in vivo* car dans le modèle animal que je vais présenter, nous avons augmenté le niveau d'expression du récepteur sans changer la concentration circulante du ligand. *Ex vivo*, ce système est donc fonctionnel et pourrait être utilisé pour étudier l'action d'hormones ou d'inhibiteurs, dans ce type cellulaire, sur la réabsorption transépithéliale de sodium, par exemple par des expériences de courant court-circuit et de mesure des résistances transépithéliales. De plus, il pourrait permettre de progresser dans la recherche des gènes précocément induits par l'aldostérone, et de mieux comprendre la cascade de signalisation qui suit la transactivation du récepteur, RM ou RG. Ce modèle est donc complémentaire au modèle animal.

V-2 MODELE ANIMAL: SOURIS TRANSGENIQUE HOXB7-TETON2.

Nous voulons identifier le rôle spécifique de l'activation du récepteur des glucocorticoïdes (RG) par rapport à celui du récepteur minéralocorticoïde (RM), dans le transport ionique au niveau du canal collecteur rénal (CD, *Collecting Duct*) et déterminer les conséquences sur l'homéostasie hydrosodée et la pression artérielle.

V-2.1 Utilisation du système tétracycline.

V-2.1.1 Stratégie expérimentale.

La stratégie consiste à surexprimer de manière conditionnelle *in vivo* le gène du RG ou RM dans le canal collecteur, en utilisant une lignée transgénique surexprimant le transactivateur tétracycline dans les cellules du CD (promoteur Hoxb7), ainsi que des lignées générées au laboratoire permettant la surexpression inductible des récepteurs RG ou RG.

Le caractère conditionnel permet d'étudier précisément le rôle du canal collecteur, en absence de facteurs confondant liés à une approche pharmacologique classique. Le contrôle temporel permet d'écarter les effets liés au développement, et de se focaliser chez l'adulte. Le modèle a pour limite principale la difficulté d'obtention d'un nombre d'animaux suffisant pour les protocoles expérimentaux (1/8ème des portées sont des mâles ou des femelles double transgéniques).

Le promoteur Hoxb7 a été choisi pour cibler le canal collecteur rénal, car il permet une forte expression conditionnelle du gène rapporteur LacZ (**Figure V.4**) (Shakya et al, 2005).

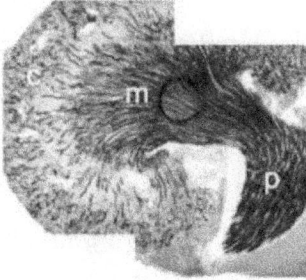

Fig. V.4 Expression du gène rapporteur LacZ dans le canal collecteur (image provenant de Shakya et al. 2005).

Le transgène tetO-LacZ, activé par Hoxb7-tetON2, est exprimé très fortement dans le canal collecteur rénal d'une souris double-transgénique (âgée de 40 jours), ayant reçu de la Doxycycline (Dox).
c: cortex ; m: medullaire ; p: papille.

V-2.1.2 Etude cinétique de l'expression du transgène.

Nous avons réalisé une étude cinétique de l'expression du transgène afin de déterminer à quel moment l'induction du transgène avait lieu. Pour cela, nous avons utilisé le gène rapporteur LacZ, permettant la mesure de l'activité β-galactosidase, à différents temps d'induction après administration de la Dox (1 mg/mL, dans l'eau de boisson avec 1% de saccharose pour masquer le goût amer de la Dox): J5, J10, J20 (**Figure V.5**). Ces expériences ont montré que l'activité β-galactosidase est maximale après 10 jours d'induction par la Dox, chez les souris DT. A J20, l'activité enzymatique diminue mais reste significativement 7 fois plus élevée par rapport aux contrôles (CT).

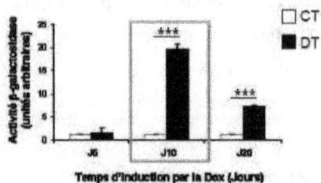

V-2.1.3 Surexpression du RG dans le CD: Souris Hoxb7-tetON2 / tetO-hRG.

En collaboration avec l'équipe de François Tronche (CNRS UMR 7148, Collège de France, Paris), notre laboratoire a développé une lignée tetO-hRG, permettant de surexprimer le transgène RG humain de manière conditionnelle.

V-2.1.3.1 Génération des souris DT, exprimant le hRG dans le CD.

Les souris transactivatrices Hoxb7-tetON2 sont croisées avec les souris acceptrices tetO-hRG (le promoteur minimal utilisé est bidirectionnel et induit donc la transcription du gène hRG et du gène rapporteur LacZ) pour obtenir des souris DT Hoxb7-tetON2/tetO-hRG, génotypées par PCR (**Figure V.6**).

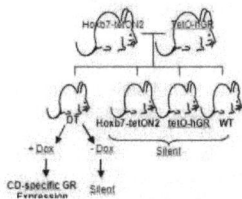

Fig.V.6 Souris Hoxb7-rtTA2 / tetO-hRG (DT).

L'expression du transgène dans la souris DT dépend du ligand, la Doxycycline (Dox), qui agit comme un interrupteur moléculaire. L'addition de Dox à différents moments, du développement embryonnaire à l'adulte, permet l'induction de l'expression du transgène hRG et le contrôle dans le temps du début ou de la fin des processus pathologiques.
Les souris sauvages (WT, *wild-type*) et mono-transgéniques Hoxb7-tetON2 et tetO-hRG n'expriment pas le transgène hRG, et sont alors considérées comme souris contrôles.

V-2.1.3.2 Caractérisation moléculaire de l'expression du transgène.

Le système conditionnel est actif seulement dans les souris DT, en présence de Dox (1 mg/mL, dans la nourriture), alors qu'il ne l'est pas en absence de Dox ou dans les souris contrôles (**Figure V.7.a**). Pour étudier l'expression du hRG dans le CCD, l'analyse par RT-PCR (oligonucléotides sens et antisens spécifiques du hRG) est réalisée sur des segments tubulaires microdisséqués à partir des reins de souris contrôles et DT. Le transgène hRG n'est exprimé que dans le CCD de la souris DT et pas dans les tubules proximaux (PCT et PR), ni dans l'anse de Henlé cortical (cTAL), ni dans le DCT, ni dans le CNT (**Figure V.7.b**).

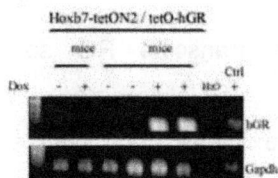

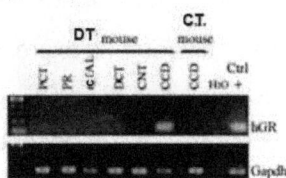

225

Fig. V.7 Caractérisation moléculaire de l'expression du transgène.

Fig. V.7 Caractérisation moléculaire de l'expression du transgène.

L'analyse par RT-PCR de l'expression du transgène hRG montre que: **a)** dans le rein, seules les souris DT expriment le hRG, en présence (+) de Dox (1 mg/mL, administrée pendant 10 jours dans l'eau de boisson + 1% saccharose), alors que les souris contrôles (CT) ou DT non traitées par la Dox (-) n'expriment pas le hRG ; **b)** l'expression du hRG dans la souris DT traitée à la Dox est restreinte au canal collecteur cortical (CCD). PCT: proximal convoluted tubule, PR: pars recta, cTAL: cortical thick ascending limb, DCT: distal convoluted tubule, CNT: connecting tubule. Le gène de la GAPDH est utilisé comme contrôle de l'amplification PCR. Un échantillon de cœur de souris surexprimant le hRG spécifiquement dans le cœur est utilisé comme contrôle positif (Ctrl+).

D'autre part, l'immunolocalisation du transgène hRG et de l'endogène RG a été réalisée, en collaboration avec l'équipe du Dr JM. Gasc (Inserm U833, Collège de France, Paris), à partir de coupes en paraffine effectuées sur des sections de reins fixés au paraformaldéhyde 4%, et a permis de détecter la protéine hRG seulement dans le canal collecteur rénal de la souris DT, comparée à la souris contrôle (**Figure V.8**).

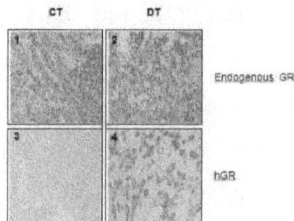

Fig.V.8 Immunolocalisation du transgène.

Le transgène hRG est détecté par un anticorps anti-RG polyclonal de lapin E20 (Santa Cruz, dilution 1/2000) (images 3 et 4), alors que l'endogène RG est détecté par un anticorps anti-RG polyclonal de lapin M20 qui reconnaît le rat et la souris (Santa Cruz, dilution 1/2000) (images 1 et 2). L'expression de la protéine hRG est restreinte au canal collecteur de la souris DT (4).

Les niveaux d'expression des transcrits RG sont estimés par RT-PCR en temps réel (oligonucléotides communs à l'endogène et à l'exogène (total GR) et oligonucléotides spécifiques de l'endogène), dans le rein entier et dans le CCD des souris contrôles et DT, sacrifiées à différents temps d'induction par la Dox. Dans le rein entier, les résultats montrent que la surexpression du RG, chez la souris DT, est significative 4 jours après l'administration de Dox (**Figure V.9.a**), bien que l'expression du transgène soit déjà détectable à J2. Le niveau d'expression ARNm de l'endogène mRG ne varie pas en fonction du temps entre les deux groupes. De même pour les taux d'expression des gènes endogènes MR et HSD2 (**Tableau 3**). Dans le CCD des souris DT, la surexpression du RG a lieu dès le 2ème jour après l'administration de la Dox, alors qu'une baisse transitoire de l'expression du RG endogène, par rapport aux souris contrôles, est observée, ce qui peut expliquer qu'on n'observe pas de surexpression du RG après 2 jours de traitement par la Dox dans le rein entier. Après 15 jours de traitement par la Dox, la surexpression globale du RG est 4 fois plus importante par rapport aux contrôles (**Figure V.9.b**).

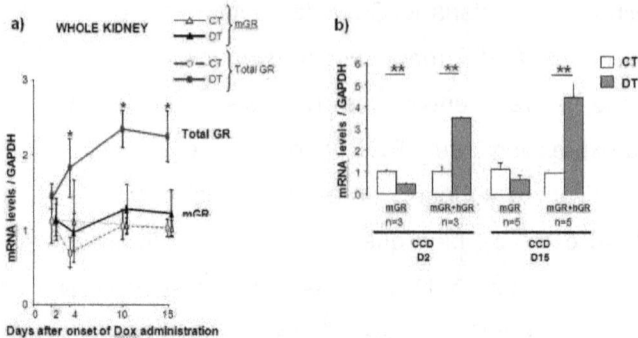

Fig.V.9 Cinétique d'expression du transgène.
RT-PCR quantitative en temps réel:
a) Rein entier: le transgène hRG est surexprimé à partir de J4 chez les souris DT par rapport aux souris contrôles (CT) alors que l'expression de l'endogène mRG n'est pas différente entre les 2 groupes (CT vs DT, *p<0.05, test non apparié *t* de Student, n=4 pour chaque groupe (J2, J4) et n=5-6 pour chaque groupe (J10 et J15)).
b) Canal collecteur cortical (CCD): le transgène hRG est surexprimé dès J2 chez les souris DT par rapport aux souris CT (CT vs DT, ** p<0.01, test non apparié *t* de Student, n=3 pour chaque groupe (J2) et n=5 pour chaque groupe (J15)). Toutes les valeurs sont exprimées en moyenne ± sem et normalisées par rapport au niveau d'expression de la GAPDH.

Tableau 3 - Expressions du RM et de la HSD2.

Les valeurs sont normalisées par rapport à l'expression ARNm du gène GAPDH (moyenne ± sem). Le nombre de souris par groupe (CT et DT) est indiqué entre parenthèses à côté de chaque temps d'induction par la Dox.
Les niveaux d'expression des gènes endogènes MR et HSD2, analysés par RT-PCR quantitative, ne varient pas en fonction du temps d'induction par la Dox.

Genes	Induction time (Days)	CT	DT
MR	D2 (4)	1.0±0.3	0.9±0.3
	D4 (4)	1.0±0.4	1.5±0.2
	D10 (5)	1.0±0.2	1.0±0.2
HSD2	D2 (4)	1.0±0.4	1.0±0.4
	D4 (4)	1.0±0.2	0.6±0.2
	D10 (5)	1.0±0.2	1.1±0.1

En conclusion, le modèle de surexpression conditionnelle du RG est caractérisé par l'expression du transgène RG uniquement dans le canal collecteur des souris Hoxb7etON2/tetO-hRG (souris DT), alors que les souris contrôles n'expriment pas le transgène.

Les souris DT surexpriment le RG dans le CCD, après 2 jours de traitement par la Dox, comparées aux souris contrôles, sans modification de l'expression de l'endogène RG, du gène RM et de l'enzyme HSD2.

V-2.1.3.3 Etudes physiologiques.

L'exploration fonctionnelle du modèle de surexpression conditionnelle du RG dans le canal collecteur rénal a consisté à déterminer si la surexpression du RG dans le CD induisait une altération de la fonction rénale et/ou une modification de la pression artérielle.

a) Protocole expérimental: cages à métabolisme

Les souris contrôles et DT sont ainsi placées dans des cages à métabolisme individuelles pendant 6 jours consécutifs, puis à 10, 17 et 21 jours suivant l'administration de Dox (1mg/mL, dans la boisson avec 1% saccharose). Les urines sont collectées au bout de 24h et les concentrations urinaires en électrolytes (Na, K, Cl) et en créatinine sont mesurées à l'aide d'un analyseur automatique.

b) Résultats

Les résultats montrent qu'à l'état stable les souris DT et contrôles ont le même poids après 15 jours d'induction du transgène RG, avec un apport en nourriture et eau identique, les mêmes concentrations de Na+et K+ plasmatiques et la même excrétion sodique (Na/créatinine) et potassique (K/créatinine). Le rapport Na/K urinaire n'est pas altéré chez les souris DT (**Figure V.11.a**). De plus, la pression artérielle systolique est inchangée (contrôles: 127±1 mmHg et DT: 128±2 mmHg, mâles, n=7 dans chaque groupe).

Ainsi, l'activation du RG dans le CD après 15 jours d'induction du transgène RG n'entraîne pas d'altérations majeures du bilan hydrosodé. Cependant, on observe une diminution de la concentration urinaire d'aldostérone (**Figure V.11.b**) chez les souris DT, comparées aux souris contrôles, à J2 et J3 après l'administration de Dox. Cette différence disparaît les jours d'après, suggérant chez les souris DT, une phase transitoire, de rétention sodée/expansion volémique, aux temps précoces de surexpression du RG dans le CD (cf **Fig.V.9.b**). De plus, la surexpression du RG ne modifie pas, J18 après induction par la Dox, les taux plasmatiques d'aldostérone (contrôles: 280±22 et DT: 235±11 pg/mL, n=4 souris par groupe) et de corticostérone (contrôles: 44±2 et DT: 56±5 ng/mL, n=4 souris par groupe).

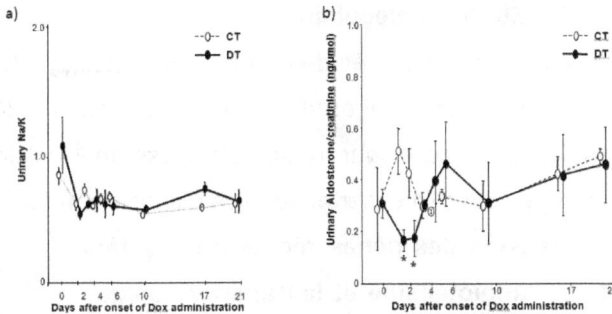

Fig.V.11 Fonction rénale: études en cages à métabolisme
a) Rapport Na/K urinaire: Le ratio Na^+/K^+ urinaire n'est pas différent entre les contrôles (CT) et les DT. Les valeurs sont exprimées en moyenne ± sem, n= 3 souris par groupe, test de comparaison de variance ANOVA 2 facteurs.
b) Aldostérone urinaire: à J2 et J3 après traitement par la Dox, les souris DT présentent une diminution significative de la concentration urinaire d'aldostérone. Les valeurs sont exprimées en moyenne ± sem, n=3 souris par groupe, CT *vs* DT, * $p<0.05$, test de comparaison de variance ANOVA 2 facteurs.

Devant la diminution transitoire de la concentration urinaire d'aldostérone à J2 et J3, nous avons voulu analyser l'expression de différents gènes, susceptibles d'être modulés par la surexpression du RG, à J2 et à J15, dans le CCD et les segments tubulaires situés juste en amont du CCD, dans le DCT et le CNT, afin de déterminer les conséquences moléculaires de la surexpression du RG dans le CD, et distinguer les événements moléculaires primaires, précocément induits (J2), de ceux qui apparaissent à l'état stable (J15).

231

V-2.1.3.4 Etudes moléculaires.

L'objectif de ces études est de définir les conséquencesmoléculaires de la surexpression du RG dans le canal collecteur rénal. L'analyse moléculaire est réalisée sur rein entier ou tubules microdisséqués.

a) Expression des gènes régulant le système rénine – angiotensine et le transport ionique.

Dans le rein entier, les niveaux des transcrits des gènes du système rénine angiotensine (SRA): rénine, ACE (enzyme de conversion) et AT1 (récepteur de l'angiotensine II) ne sont pas différents entre les souris contrôles et les souris DT, à l'état stable (10 jours après traitement par la Dox). Il en est de même pour l'expression des gènes susceptibles d'être induits par l'aldostérone, tels que Sgk1, GILZ et NDRG2, ou encore pour l'expression des gènes impliqués dans la régulation de la réabsorption de Na: les isoformes longues (L) et rein-spécifique (Ks) de WNK1, WNK4 ou NCC (n=5 contrôles + 6 DT) (**Tableau 4**).

Genes	CT	DT
RENIN	1.2±0.3	1.6±0.2
ACE	1.1±0.2	1.1±0.3
AT1	1.0±0.2	1.3±0.3
SGK1	1.2±0.3	1.0±0.1
GILZ	1.1±0.2	1.4±0.1
NDRG2	1.1±0.3	1.2±0.1
L-WNK1	1.1±0.1	1.5±0.3
Ks-WNK1	1.0±0.2	0.9±0.1
WNK4	1.0±0.3	0.8±0.3
NCC	1.0±0.1	1.2±0.1

Tableau 4- Expressions du SRA, AIPs et autres gènes impliqués dans la régulation de la réabsorption de Na, dans le rein entier.

Les valeurs sont normalisées par rapport à l'expression ARNm du gène GAPDH (moyenne ± sem). Les niveaux d'expression de ces gènes, analysés par RT-PCR quantitative, à J10 après induction par la Dox, ne sont pas différents entre les souris contrôles (CT) et les souris DT (n=5 CT + 6DT, test non apparié *t* de Student).
ACE: angiotensin converting enzyme, AT1: angiotensin II recptor of type 1, SGK1: serum and glucocorticoid regulated kinase 1, GILZ: glucocorticoid induced leucine zipper, NDRG2: N-myc downstream regulated gene 2, WNK1: with no lysine kinase 1, WNK4: with no lysine kinase 4, NCC: thiazide-sensitive Na-Cl cotransporter.

b) Expression rénale des transporteurs ioniques et des gènes régulateurs.

Les souris contrôles et DT sont sacrifiées à différents temps d'induction de Dox (J2, J4 et J10). L'analyse par RT-PCR quantitative montre que, dans le rein entier, les souris DT présentent des modifications moléculaires au niveau de l'expression de certains transporteurs ioniques, comparées aux souris contrôles (**Figure V.12**).

Parmi les trois sous-unités du canal sodique ENaC, seule l'expression de la s.u α est modulée au niveau ARNm: elle est augmentée près de 2 fois chez les souris DT, à J4 et J10 après induction par la Dox, alors que les expressions des s.u β et γ ne sont pas modifiées entre les deux groupes. Les niveaux des transcrits de la s.u α1 de la pompe Na/K-ATPase (l'expression de la s.u β1 est identique dans les deux groupes, quelque soit le

233

temps d'induction par la Dox) sont plus élevés à J4 chez les souris DT par rapport aux contrôles, puis plus faibles à J10. L'expression des transcrits du canal potassique ROMK1 est diminuée, à J4 et J10 après induction par la Dox, chez les souris DT par rapport aux souris contrôles.

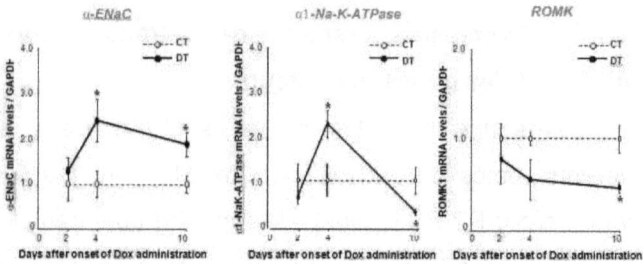

Fig.V.12 Expression ARNm des canaux ioniques.
Analyse par RT-PCR quantitative en temps réel. Les valeurs sont normalisées par rapport à l'expression ARNm du gène GAPDH (moyenne ± sem). Le nombre de souris est reporté à ceux indiqués entre parenthèses à la table 1 de ce chapitre, pour chaque jour d'induction de Dox étudié. CT *vs* DT, * $p<0.05$, test non apparié *t* de Student. α-ENaC: sous-unité alpha du canal sodique sensible à l'amiloride, α1-Na-K-ATPase: sous-unité alpha1 de la pompe Na/K-ATPase, ROMK: renal outer medullary K^+ channel.

Ces résultats dans le rein entier suggèrent que des changements ont lieu dans le canal collecteur (CD), dus à la surexpression du RG à cet endroit, et qu'il existe des événements compensatoires probablement au niveau des segments tubulaires situés en amont du CD.

c) Expression des gènes dans le CCD, le DCT et le CNT.

Pour vérifier l'hypothèse précédente, des analyses par RT-PCR quantitative ont été effectuées dans des pools de canal collecteur cortical (CCD), de tubules connecteurs (CNT) et de tubules distaux (DCT), microdisséqués à partir des reins de souris contrôles et DT, traitées à la Dox pendant 2 et 15 jours. Nous avons donc analysé les expressions de ces mêmes messagers (ENaC, Na/K-ATPase, Sgk1, GILZ, ROMK) dans le CCD, en comparaison avec leurs expressions dans le DCT et le CNT. 2 jours après traitement par la Dox, le niveau d'expression dans le CCD, des transcrits de α-ENaC et de GILZ est augmenté (respectivement 2 fois et 1.5 fois) chez les souris DT, comparées aux souris contrôles (**Figure V.13**). Les niveaux d'expression des sous- unités α1 et β1 de la pompe Na/K-ATPase, de ROMK et de Sgk1 ne sont pas modifiées entre les deux groupes. De plus, nous avons étudié aussi l'expression des gènes de la famille des sérine-thréonine kinases WNK, gènes connus pour réguler notamment ROMK1 ou Sgk1, et en conséquence participer au contrôle de la régulation de la réabsorption de Na dans le rein. De manière intéressante, l'expression du gène WNK4 est significativement diminuée chez les souris DT par rapport aux contrôles, alors que l'expression des isoformes longues et rein-spécifique de WNK1 reste inchangée.

Dans le CNT et le DCT, aucune modulation des expressions des gènes analysés dans le CCD n'est observée entre les souris contrôles et les souris DT 2 jours après induction du transgène RG par la Dox (**Figure V.13**).

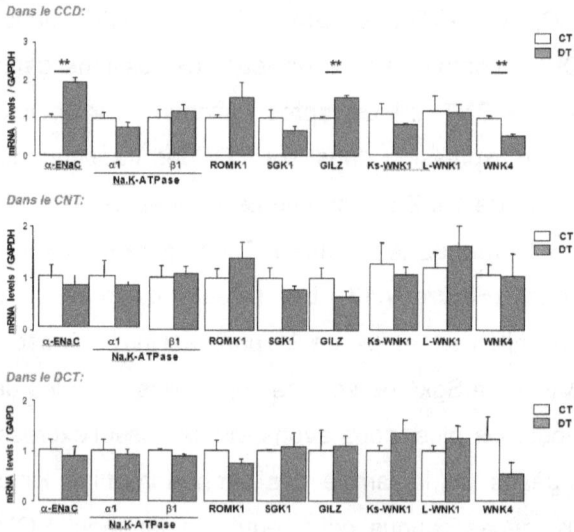

Fig.V.13 Expressions des transcrits dans le CCD, le CNT et le DCT,

après 2 jours d'induction du transgène par la Dox.

Analyse par RT-PCR quantitative en temps réel. Les valeurs sont normalisées par rapport à l'expression ARNm du gène GAPDH (moyenne ± sem). n=3-4 souris pour chaque groupe, CT *vs* DT, ** p<0.01, test non apparié *t* de Student.

A l'état stable (15 jours de traitement par Dox), dans le CCD, les niveaux d'expression des transcrits de α-ENaC, de α1- Na/K-ATPase et de GILZ sont augmentés chez les souris DT, comparées aux souris contrôles. De plus, l'expression de ROMK1 est réduite. En ce qui concerne les gènes classiquement régulés par l'aldostérone dans l'ASDN, l'expression de Sgk1 est similaire entre les deux groupes alors que celle de GILZ est augmentée chez les DT (**Figure V.14**).

Dans le CNT et le DCT, l'analyse de l'expression de ces mêmes gènes a montré des modifications moléculaires en miroir de celles observées dans le CCD: en effet, les souris DT présentent des taux de αENaC, de α1- Na/K-ATPase et de GILZ réduits et des taux de ROMK1 élevés, par rapport aux souris contrôles (**Figure V.14**).

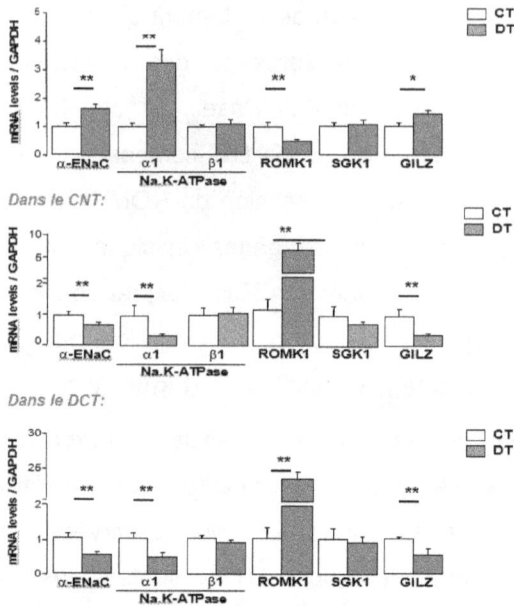

Fig.V.14 Expressions ARNm à l'état stable (J15) dans le CCD, le CNT et le DCT.

Analyse par RT-PCR quantitative en temps réel. Les valeurs sont normalisées par rapport à l'expression ARNm du gène GAPDH (moyenne ± sem). n=5 souris pour chaque groupe, CT *vs* DT, * p<0.05, ** p<0.01, test non apparié *t* de Student.

Les résultats moléculaires dans le CCD, à l'état stable (J15), contrastent avec ceux obtenus pour la pression artérielle et la fonction rénale qui sont normales chez les souris DT, ce qui suggère fortement que des événements compensatoires ont lieu dans les segments en amont du CCD. En effet, les modifications moléculaires observées dans le CNT et le DCT sont inverses de celles obtenues dans le CCD, ce qui confirme notre hypothèse selon laquelle des mécanismes d'adaptation se produisent dans les segments en amont du canal collecteur (CNT et DCT), d'autant plus que 2 jours après administration de Dox, aucun événement moléculaire n'a lieu dans ces parties tubulaires.

V-2.2 Conclusion

En résumé, bien que les souris qui surexpriment le RG spécifiquement dans le CD présentent une fonction rénale et une pression artérielle normales, la surexpression du RG conduit à des effets moléculaires majeurs dans le CCD, au niveau de l'expression de plusieurs gènes impliqués dans la réabsorption de Na et la sécrétion de K. Cependant, ces modifications sont clairement compensées par des effets miroirs ayant lieu dans les segments tubulaires situés en amont du CCD (CNT et DCT), comme le montrent nos études moléculaires. Il existe ainsi une régulation différentielle des gènes entre le CCD et la portion CNT-DCT qui expliquerait les conséquences physiologiques obtenues. L'état physiologique normal observé chez ces souris est probablement dû à des événements compensatoires qui permettent aux souris de s'adapter à la surexpression modérée du RG.

Pour approfondir cette analyse du modèle, des études complémentaires pourraient être réalisées pour savoir quelles sont les conséquences moléculaires de cette surexpression dans l'anse de Henlé, partie qui joue un rôle important dans la concentration finale de l'urine en électrolytes, étant donné qu'elle réabsorbe, entre autres, environ 30% du sodium filtré. D'autre part, il serait intéressant de soumettre notre modèle conditionnel à différentes épreuves, en modifiant le régime en sel des souris (par exemple en les soumettant à un régime haut en sel) ou en modulant le niveau hormonal (aldostérone ou dexaméthasone), et d'en analyser les conséquences physiologiques et moléculaires.

La comparaison des effets induits par une activation du RG ou du RM est intéressante. En effet, les effets moléculaires observés dans le modèle de surexpression du RG dans le CD sont-ils les mêmes que ceux qui seraient obtenus si l'on surexprime le RM spécifiquement dans le CD ? Toutefois, l'équipe de BC. Rossier avance l'hypothèse que le rôle du couple aldostérone/RM n'est pas majeur à l'état stable dans le CCD, sur la base de l'inactivation ciblée de αENaC dans le CCD qui n'a pas ou peu de conséquences

(Rubera et al, 2003). Cependant, on peut s'interroger sur l'existence de mécanismes moléculaires de compensation (comme dans notre modèle) dans les segments tubulaires en amont du CCD, et qui n'ont pas été analysés dans cette étude. D'autre part, la question de la nature du ligand reste posée dans notre modèle, étant donné que nous montrons pour la première fois *in vivo*, que le RG peut avoir un rôle physiopathologique dans le CCD, même en absence d'inhibition de la 11β-HSD2, ou de diminution d'expression.

Ces travaux ont fait l'objet d'une publication scientifique placée, dans laquelle je suis premier auteur. Cet article a été soumis et accepté pour publication à *Endocrinology* en 2009.

CHAPITRE VI – RESULTATS : MODELE DE SUREXPRESSION DU RM DANS LES CELLULES ENDOTHELIALES.

VI-1 MODELE ANIMAL: SOURIS TRANSGENIQUE VECADHERINE-TETOFF.

Les études cliniques RALES et EPHESUS ont démontré l'implication de l'aldostérone dans les pathologies cardiovasculaires et décrivent les bénéfices thérapeutiques de l'administration d'antagonistes du RM, chez des insuffisants cardiaques. Les modèles animaux, comme le modèle aldo/sel (Rocha et al, 2002) ou d'infarctus du myocarde (MI) (Lal et al, 2004), ont confirmé cette action des antagonistes du RM, qui inhibent l'apparition des lésions vasculaires ou de fibrose périvasculaire. Cependant ces modèles décrivent des effets globaux dans tout l'organisme qui ne permettent pas de discriminer un territoire par rapport à l'autre.

D'autre part, dans les conditions physiologiques normales, la 11β-HSD2 est présente dans ce tissu cible non classique, ce qui accorde une sélectivité de liaison de l'aldostérone au RM.

Le système inductible tet constitue un outil puissant

pour cibler l'expression du transgène d'intérêt, en l'occurrence le RM, dans le vaisseau, spécifiquement et uniquement dans l'endothélium.

L'étude du modèle de surexpression du RM dans l'endothélium devrait nous permettre de mieux comprendre le rôle physiopathologique vasculaire de l'aldostérone et du RM dans ce territoire. Nous avons donc analysé les conséquences fonctionnelles et moléculaires de cette surexpression.

VI-1.1 Souris VECadhérine-tetOFF / tetO-hRM (DT), exprimant le RM dans l'endothélium.

VI-1.1.1 Caractérisation moléculaire du modèle transgénique.

La surexpression du RM dans l'endothélium est obtenue par croisement de la lignée inductible tetO-RM avec la lignée transactivatrice VECadhérine-tetOFF (**Figure VI.1.a**).

Il n'y a pas de létalité embryonnaire, à la différence du modèle de surexpression cardiaque du RM. Nous obtenons bien les proportions mendéliennes 1/4-1/4-1/4-1/4 pour les quatre génotypes possibles.

Les souris DT VECadh-tetOFF/tetO-hRM expriment le transgène RM dans les vaisseaux, en particulier dans l'aorte et le lit mésentérique (**Figure VI.1.b**), mais également dans les tissus vascularisés, comme le rein, le cœur et le muscle.

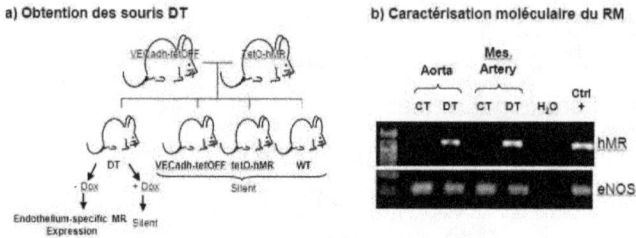

Fig.VI.1 Génération des souris DT et caractérisation moléculaire du modèle transgénique.

a) Les souris VECadh-tetOFF/tetO-hRM (souris DT) sont obtenues par croisement de deux lignées mono- transgéniques: une lignée acceptrice tetO-hRM où le transgène hRM est placé sous le contrôle d'un promoteur minimal tetO, et une lignée transactivatrice VECadh-tetOFF qui contient le transactivateur tTA, placé sous le contrôle d'un promoteur endothélium-spécifique VECadhérine. Les souris sauvages (WT) et mono-transgéniques VECadh-tetOFF et tetO-hRM n'expriment pas le transgène et sont alors considérés comme souris contrôles. En absence de Dox, les souris DT expriment le transgène spécifiquement dans l'endothélium.
b) L'analyse par RT-PCR de l'expression du transgène hRM montre que seules les souris DT expriment le hRM dans l'aorte et dans les artères mésentériques, comparées aux souris contrôles (CT). Le gène eNOS est utilisé comme contrôle positif de l'amplification PCR. Un échantillon de cœur de souris surexprimant le hRM spécifiquement dans le cœur est utilisé comme contrôle positif (Ctrl+).

En absence de Dox, les souris DT expriment le RM dans l'aorte, tandis que les souris DT traitées à la Dox (1mg/mL, administrée dans la nourriture, dès l'accouplement) n'expriment pas le transgène RM, comme les contrôles traitées et non traitées à la Dox (**Figure VI.2.a**). Le système est donc bien inductible et ne présente pas de fuite d'expression. Nous pouvons donc contrôler très étroitement l'expression du RM au cours du temps.

D'autre part, une expérience de désendothélialisation nous a permis de montrer qu'en absence d'endothélium, l'expression du transgène hRM n'est plus détectable dans l'aorte désendothélialisée de la souris DT (**Figure VI.2.a**). Donc, l'expression du transgène hRM est restreinte uniquement à l'endothélium vasculaire.

Les niveaux d'expression des transcrits RM sont estimés par RT-PCR quantitative en temps réel (oligonucléotides communs à l'endogène (mRM) et à l'exogène (hRM)) dans l'endothélium des souris contrôles et DT. Les résultats montrent des valeurs 2 fois plus élevées dans les souris DT par rapport aux contrôles, dans les deux sexes (**Figure VI.2.b**).

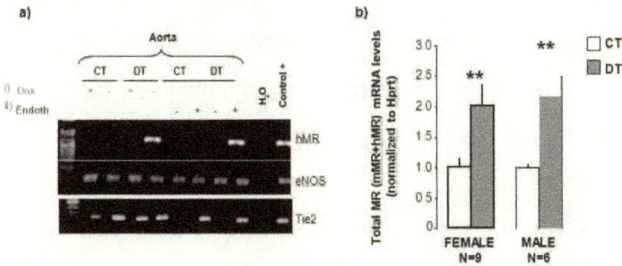

Fig.VI.2 Expression inductible, spécifique de l'endothélium, et surexpression du RM.
a) Analyse par RT-PCR dans l'aorte: i) l'administration de Dox (+) (1 mg/mL,

245

dans la nourriture, dès l'accouplement) aux souris contrôles (CT) et DT inhibe l'expression du transgène hRM dans l'aorte des souris DT, alors qu'en absence de Dox (-), les souris DT expriment le transgène hRM et pas les souris CT ; ii) les aortes des souris CT et DT sont désendothélialisées à l'aide d'une aiguille fine et en insufflant de l'air dans le vaisseau. En absence d'endothélium (-), les souris DT n'expriment pas le hRM, ainsi que les souris CT. En présence d'endothélium (+), seules les souris DT expriment le hRM. Le gène eNOS est utilisé comme contrôle positif de l'amplification PCR. Le gène Tie2 est utilisé comme contrôle positif de la désendothélialisation, car le gène Tie2 est exprimé uniquement dans les cellules endothéliales, et pas dans les cellules vasculaires du muscle lisse. Un échantillon de cœur de souris surexprimant le hRM spécifiquement dans le cœur est utilisé comme contrôle positif (Control +).

b) RT-PCR quantitative dans l'aorte: chez les mâles et les femelles, le transgène hRM est surexprimé globalement de 2 fois chez les souris DT, comparées aux souris contrôles (CT). Toutes les valeurs sont exprimées en moyenne ± sem et normalisées par rapport au niveau d'expression de la HPRT (*hypoxanthine-guanine phosphoribosyltransferase*). CT *vs* DT, ** p<0.01, test non apparié *t* de Student.

VI-1.1.2 Paramètres biologiques.

VI-1.1.2.1 Aldostéronémie, natrémie et kaliémie.

La concentration plasmatique d'aldostérone n'est pas différente entre les souris contrôles et les souris DT (contrôles: 390.1±28.1 *vs* DT: 286.8±69.8 pg/µL, n=6 souris pour chaque groupe, non significatif, test non apparié *t* de Student), ainsi que pour la natrémie (contrôles: 146.0±1.4 *vs* DT: 148.0±0.8 mmol/L, n=6 souris pour chaque groupe) et la kaliémie (contrôles: 5.0±0.3 *vs* DT: 5.0±0.2 mmol/L, n=6 souris pour chaque groupe).

VI-1.1.2.2 Concentration plasmatique de la rénine.

La concentration plasmatique de la rénine (PRC, *plasma renin concentration*), mesurée comme décrit dans le matériel et méthodes (**Chapitre IV-2.1.3.c**), par dosage radioimmunologique, est significativement diminuée chez les souris DT, comparées aux souris contrôles (n=15 contrôles + 16 DT, mâles (M) et femelles (F), * p<0.03, test non apparié t de Student) (**Figure VI.3.a**).

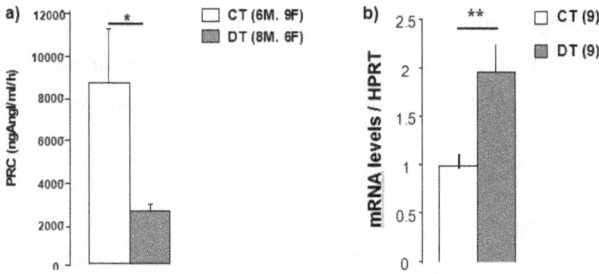

Fig.VI.3 Concentration plasmatique de la rénine et expression ARNm.

a) Détermination de la PRC à partir de prélèvements sanguins des souris contrôles (CT) et DT. Les souris DT présentent une diminution de la PRC, par rapport aux souris CT. Les valeurs sont exprimées en moyenne ± sem, n=15 contrôles + 16 DT, mâles (M) et femelles (F), * p<0.03, test non apparié t de Student.

b) Analyse par RT-PCR quantitative : l'expression ARNm de la rénine rénale est augmentée chez les souris DT, comparées aux souris CT. Les valeurs sont exprimées en moyenne ± sem et normalisées par le niveau du transcrit du gène de ménage HPRT, n=9 souris par groupe, ** p<0.01, test non apparié t de Student.

L'analyse par RT-PCR quantitative a montré une augmentation de l'expression ARNm de la rénine rénale des souris DT (x2), par rapport aux souris contrôles (**Figure VI.2.b**). Toutefois, l'analyse immunohistologique de la rénine rénale, réalisée par l'équipe de JM Gasc, sur des coupes de reins de souris contrôles et DT, ne confirme pas ce résultat au niveau protéique.

VI-1.1.2.3 Homéostasie sodique et potassique.

L'excrétion urinaire de sodium et de potassium, évaluée par des expériences en cages à métabolisme, n'est pas modifiée chez les souris surexprimant le RM dans l'endothélium (**Tableau 5**). La clairance d'une substance éliminée par le rein est le volume de plasma épuré totalement de cette substance dans l'unité de temps (en 24h). Nous avons alors calculé la clairance de la créatinine pour évaluer la fonction rénale. Cette dernière est inchangée entre les deux groupes d'animaux, ce qui indique que la fonction rénale n'est pas altérée chez les souris DT.

	CT	DT
Na/creatinine	26.2 ± 1.1	30.3 ± 1.9
K/creatinine	50.5 ± 2.8	51.7 ± 4.9
Na/K	0.52 ± 0.17	0.58 ± 0.16
Clairance creatinine (µl/min/g BW)	4.7 ± 0.4	5.8 ± 0.5

Tableau 5 – Etude de la fonction rénale.
L'excrétion urinaire de sodium et de potassium n'est pas différente entre les souris contrôles (CT) et DT. De même, le ratio urinaire Na/K est inchangé. La clairance de la créatinine rapportée au poids de l'animal (BW) n'est pas différente entre les 2 groupes d'animaux.
Les valeurs sont exprimées en moyenne ± sem. Le nombre de souris par groupe est égal à 6, test non apparié t de Student.

VI-1.1.2.4 Hématocrite et volumes plasmatique et extracellulaire.

L'hématocrite (Ht) représente le pourcentage du volume des globules rouges par rapport au volume sanguin. Chez la souris, elle peut être mesurée à l'aide de microcapillaires héparinés comme décrit dans le matériel et méthodes (**Chapitre IV**). Nos mesures n'ont montré aucune différence dans l'hématocrite des souris DT par rapport aux contrôles (contrôles: 44.4±1.5 *vs*

DT: 43.8±2.0, n=7 souris dans chaque groupe), indiquant qu'il n'y a pas d'hémodilution.

Au cours de l'expérience de mesure de la perméabilité vasculaire par injection de bleu Evans, nous avons pu déterminer que les volumes plasmatique et extracellulaire ne sont pas différents entre les deux groupes (**Figure VI.4**). La perméabilité vasculaire dans tous les organes de la souris n'est pas différente.

Une mesure de l'impédancemétrie (méthode non invasive qui permet de mesurer de la résistance des tissus biologiques par l'envoi d'un courant sinusoïdal de faible intensité et de haute fréquence à travers des électrodes placées aux quatre pattes de l'animal) effectuée par le Dr Marie Essig (Inserm U699, Hôpital Bichat, Service de Néphrologie) (Essig et Vrtovsnik, 2008), vient confirmer qu'il n'y pas de modification du volume extracellulaire des souris (ECW/poids (%) : 38.0±1.3 *vs* 35.3±1.5, contrôles *vs* DT, n=6 souris par groupe).

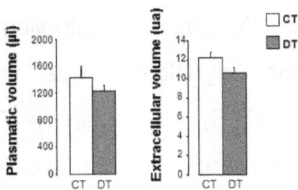

Fig.VI.4 Mesures des volumes

Les volumes plasmatique et extracellulaire sont similaires entre les souris contrôles (CT) et DT. Les valeurs sont exprimées en moyenne ± sem. n=4 CT + 3 DT.

Donc, la surexpression du RM dans l'endothélium ne conduit pas à une expansion volémique, au moins à l'état stable.

VI-1.2 Explorations fonctionnelles.

VI-1.2 Explorations fonctionnelles.

Ces études ont été menées dans notre laboratoire et grâce à plusieurs collaborations avec des groupes de chercheur français, qui possèdent l'expertise requise et la maîtrise des techniques pour aborder l'analyse des vaisseaux chez la souris (Dr Daniel Henrion, CNRS UMR 6188, Angers ; Dr Patrick Lacolley, Inserm U684, Vandoeuvre-les-Nancy; Dr Vincent Richard, Inserm U644, Rouen)

L'étude des conséquences fonctionnelles de la surexpression du RM dans l'endothélium a consisté notamment en l'analyse de la réactivité vasculaire, de l'élasticité et de la morphologie des gros vaisseaux, de la fonction coronaire.

VI-1.2.1 Mesure de la pression artérielle.

VI-1.2.1.1 Chez la souris éveillée (méthode non invasive).

Les souris qui surexpriment le RM dans l'endothélium présentent une augmentation significative de la pression artérielle systolique (PAS) (4 mois, n=10 souris par groupe, $p < 0.01$) par rapport aux souris contrôles. La fréquence cardiaque est identique pour les deux groupes (**Figure VI.5.a**). D'autre part, nous avons modifié l'expression du transgène, afin d'analyser les conséquences sur la pression artérielle. Les souris contrôles et DT (n=8 dans chaque groupe) sont ainsi traitées par la Dox (1 mg/mL, dans la nourriture) dès l'accouplement: la PAS est similaire entre les deux groupes. Puis, on a arrêté le traitement chez les souris et mesuré la PAS à différents temps après: 4, 13 et 18 semaines. On montre que l'augmentation de la pression artérielle chez les souris DT a lieu au bout de 13 semaines d'arrêt du traitement par la Dox, et persiste au bout de 18 semaines (**Figure VI.5.b**).

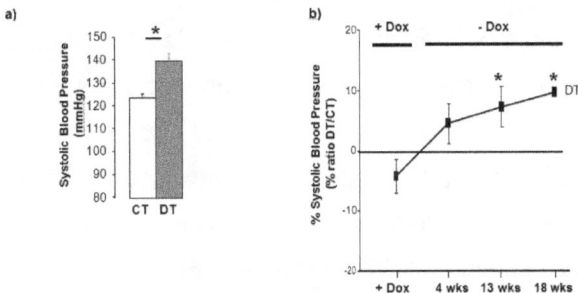

Fig VI.5 Pression artérielle systolique chez la souris éveillée.
a) Les souris DT ont une pression artérielle systolique augmentée de 16 mmHg par rapport aux souris contrôles (CT) (n=10, * $p<0.01$, test non apparié *t* de Student). Les valeurs sont exprimées en moyenne ± sem.
b) Effet de la Dox: en présence de Dox (+ Dox), les souris DT ne présentent pas de PAS augmentée. Lorsqu'on arrête le traitement par la Dox (- Dox), les souris DT ont leur PAS plus élevée (de près de 8%) par rapport aux contrôles (CT) à partir de 13 semaines. Cette élévation de la pression artérielle persiste

à 18 semaines (+ 10%). Les valeurs sont exprimées en moyenne ± sem, n= 8 souris par groupe, * p<0.01, test non apparié *t* de Student.

Ce résultat suggère que le phénotype d'hypertension artérielle modérée observé chez les souris surexprimant le RM dans l'endothélium n'est pas dû à un défaut se produisant au cours du développement embryonnaire, mais est bien dû à une altération fonctionnelle observable à l'âge adulte. D'autre part, nous n'avons pas d'influence du genre.

Nous avons ensuite analysé l'effet d'un antagoniste pharmacologique du RM, le canrénoate de K, sur l'évolution de la pression artérielle des souris contrôles et DT. Le traitement (1 semaine) au canrénoate de K prévient l'augmentation de la pression artérielle chez les souris DT. Ensuite, on arrête le traitement des souris et on mesure leur PAS au bout de 2,5 semaines: les souris DT présentent à nouveau une augmentation de 10% de la PAS, par rapport aux souris contrôles. Cette élévation de la pression artérielle persiste au bout de 3,5 semaines (+ 15%) (**Figure VI.6**).

La rapidité des variations de pression artérielle, en réponse aux épreuves d'administration de Dox et de canrénoate de K, suggère des modifications fonctionnelles et non structurales, responsables de l'augmentation de la pression artérielle.

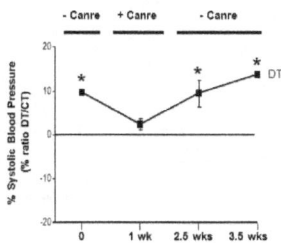

Fig.VI.6 Effet d'un antagoniste du RM sur la pression artérielle.

Le traitement par un antagoniste du RM (+ Canre, 1 wk) (Canrénoate de K, 30 mg/kg/j, dans l'eau de boisson) prévient l'augmentation de la pression artérielle observée chez les souris DT, non traitées au Canrénoate de K (- Canre, 0). Après 2.5 semaines d'arrêt du traitement au Canrenoate de K (- Canre, 2.5 wks), les souris DT retrouvent une pression artérielle plus élevée de 10%, comparées aux souris contrôles. Cette augmentation de la pression artérielle s'accentue au bout de 3.5 semaines (- Canre, 3.5 wks). Les valeurs sont exprimées en moyenne ± sem, n=8 souris dans chaque groupe, CT vs DT, * p<0.01, test non apparié t de Student. SBP : Pression artérielle systolique (PAS).

Ce résultat indique que l'augmentation de la pression artérielle observée est due à l'activation du RM dans l'endothélium, puisque l'administration d'un antagoniste du RM permet de prévenir ce phénotype rapidement, et que probablement il s'agit d'un effet fonctionnel plutôt que structural, ce qu'indique d'ailleurs les résultats histologiques (voir **paragraphe VI-1.2.4** plus loin).

VI-1.2.1.2 Chez la souris anesthésiée (méthode invasive).

La mesure de la pression artérielle chez la souris anesthésiée au pentobarbital (60 mg/kg, *iv*) montre une pression artérielle systolique augmentée significativement de 10 mmHg chez les souris DT, par rapport aux souris contrôles (n=10 souris par groupe, p<0.05) (**Figure VI.7**).

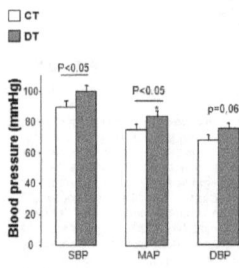

Fig.VI.7 Pression artérielle chez la souris anesthésiée.

Les souris DT anesthésiées ont une pression artérielle systolique plus élevée de 10 mmHg par rapport aux souris contrôles (CT). La pression artérielle moyenne calculée est aussi augmentée chez les souris DT.
Les valeurs sont exprimées en moyenne ± sem, n=10 souris dans chaque groupe, CT *vs* DT, * p<0.05, test non apparié *t* de Student.
SBP : Pression artérielle systolique ; MAP : pression artérielle moyenne ; DBP : pression artérielle diastolique ; PP : pression pulsée (est égale à PAS-PAD).

VI-1.2.2 Réactivité vasculaire.

Pour caractériser le phénotype vasculaire du modèle transgénique, nous avons analysé la réactivité vasculaire (contraction-relaxation) au niveau de l'aorte, des artères mésentériques et coronaires.

VI-1.2.2.1 *Ex vivo.*

a) Réactivité vasculaire dans l'aorte.

La réactivité vasculaire, mesurée au niveau de l'aorte, a été réalisée par Violaine Griol- Charhbili, au laboratoire, et a montré que les souris qui surexpriment le RM dans l'endothélium (souris DT) présentent une réponse contractile plus élevée que les souris contrôles en réponse à des concentrations croissantes (10^{-9} à 10^{-4}M) d'un vasoconstricteur, la phényléphrine (PE), (**Figure VI.8**). Il n'y a pas de différence dans la réponse à un vasodilatateur, l'acétylcholine (Ach) entre les deux groupes d'animaux.

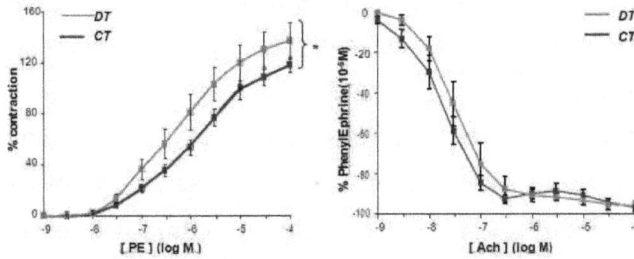

Fig.VI.8 Réactivité vasculaire *ex vivo* dans l'aorte.
Au niveau de l'aorte abdominale, les souris DT ont une sensibilité accrue à la phényléphrine (PE), par rapport aux souris contrôles (CT), alors qu'il n'y a pas de différence pour la réponse relaxante à l'acétylcholine (Ach), entre les deux groupes. La réponse contractile est exprimée en pourcentage de contraction au KCl (60 mM). La réponse relaxante à l'Ach est exprimée en pourcentage de pré-contraction à la phényléphrine (10^{-6}M). n=8 souris par groupe, CT *vs* DT, * $p<0.05$, test d'analyse des variances ANOVA à 2 facteurs.

Ces résultats suggèrent que la surexpression du RM dans l'endothélium induit une augmentation de la réponse contractile à la phényléphrine, sans altération de la relaxation à l'acétylcholine. Pour compléter notre étude, nous avons souhaité analyser la réactivité vasculaire au niveau de plus petites artères, dites de résistance, les artères mésentériques.

b) Réactivité vasculaire au niveau des artères mésentériques.

Les mesures de réactivité vasculaire ont été réalisées par l'équipe du Dr Daniel Henrion (CNRS UMR 6188), à Angers, sur les artères mésentériques.

L'étude de la réponse à l'acétylcholine (Ach) ou à la bradykinine permet d'estimer la relaxation endothélium-spécifique, alors que celle de la réponse au NPS (donneur de NO) permet d'évaluer la relaxation endothélium-indépendante. La réponse à plusieurs vasodilatateurs tels que l'Ach, la bradykinine et le nitroprussiate de sodium (NPS) n'a montré aucune différence majeure entre les souris DT et contrôles (Mâles, 3 mois, n=10) (**Figure VI.9.a**). Pour étudier la relaxation NO-indépendante, c'est-à-dire celle dépendante de la voie de la prostacycline PGI2 ou de la voie du facteur hyperpolarisant EDHF, un inhibiteur des NO synthases, le L-NAME a été utilisé. De nouveau, il n'y a pas de différence de réponse à l'Ach entre les deux groupes.

En revanche, les souris qui surexpriment le RM dans l'endothélium (souris DT), présentent une réponse vasoconstrictrice au KCl (60 mM) plus importante (**Figure VI.9.b**), et une sensibilité accrue à tous les vasoconstricteurs testés, comme la phényléphrine (PE), le thromboxane A2 (TXA2), l'endothéline-1 (ET-1) ou encore l'angiotensine II (Ang II), comparées aux souris contrôles (Mâles, 3 mois, n=10, p<0.01) (**Figure VI.9.c**). Ce résultat suggère que l'altération de la fonction

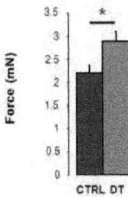

endothéliale des artères mésentériques serait due à des modifications situées en aval de la cascade de signalisation activée par tous ces vasoconstricteurs. L'exploration des voies de signalisation impliquées dans le phénotype observé sera réalisée à travers des études moléculaires d'analyse des expressions des transcrits et des protéines (voir **paragraphe VI-1.3**).

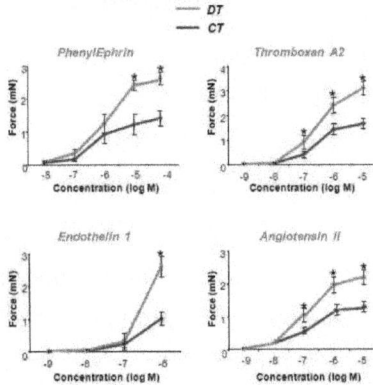

Fig.VI.9 Réactivité vasculaire *ex vivo* au niveau des artères mésentériques.
a) Réponse vasodilatatrice: aucune différence majeure n'est observée chez

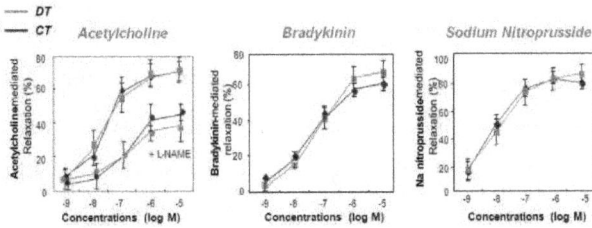

257

les souris DT, comparées aux souris contrôles (CT). Les valeurs de relaxation sont exprimées en moyenne ± sem, en pourcentage de la contraction au KCl.

b) Réponse au KCl: les artères mésentériques des souris DT présentent une contractilité plus élevée au KCl (60 mM), comparées aux souris CT. n=10 souris par groupe, CT *vs* DT, * p<0.05, test d'analyse des variances ANOVA 2 facteurs.

c) Réponse vasoconstrictrice: les souris DT ont une sensibilité plus élevée aux vasoconstricteurs, tels que la phényléphrine, le thromboxane, l'endothéline-1 et l'angiotensine II.

Les valeurs de contraction sont exprimées en force (mN) (moyenne ± sem), car ne peuvent pas être normalisées en fonction de la contraction maximale au KCl, étant donné que celle-ci est différente entre nos deux groupes. n=10 souris par groupe, CT *vs* DT, * p<0.05, test d'analyse des variances ANOVA 2 facteurs.

VI-1.2.2.2 *In vivo.*

Pour mieux comprendre le phénotype vasculaire obtenu, nous avons focalisé la suite de nos travaux sur l'action de 2 vasoconstricteurs: l'Ang II et l'ET-1. Ce travail fait partie intégrante du projet de Violaine Griol-Charhbili, post-doctorante au laboratoire.

La réponse pressive à des concentrations croissantes d'Ang II (0,0625 - 0,125 - 0,250 - 0,500 - 1,0 - 2,0 µg/kg), chez les souris DT et contrôles, est plus élevée chez les souris DT que chez les contrôles (Femelles, 3 mois, n=9, p<0.01) (**Figure VI.10**). De même, des doses croissantes d'ET-1 conduisent à une augmentation de la pression artérielle chez les souris DT, comparées aux souris contrôles (ΔSBP to 0.01nmol/kg *iv* ET1: 6.9±1.3 *vs* 12.6±1.6 mmHg, CT *vs* DT, n=8 souris par groupe, p<0.01). Ces résultats confirment l'hypersensibilité à l'Ang II et à l'ET-1 chez les souris DT, observée *ex vivo* dans l'artère mésentérique.

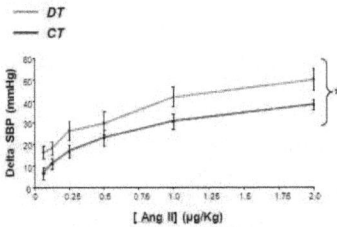

Fig.VI.10 Réactivité vasculaire *in vivo*.

La réponse pressive aux doses croissantes d'Ang II est significativement plus élevée chez les souris DT que chez les souris contrôles (CT).
Les valeurs sont exprimées en moyenne ± sem, n= 10 souris par groupe, CT *vs* DT, * p<0.01, test d'analyse des variances ANOVA à 2 facteurs.

Ces données suggèrent une interaction possible entre Ang II, ET-1 et l'aldostérone/RM. En effet, plusieurs études pharmacologiques démontrent l'efficacité d'un traitement contre l'hypertension artérielle et l'insuffisance cardiaque combinant des IEC et un antagoniste du RM, suggérant que l'aldostérone et l'Ang II auraient des effets synergiques. D'autre part, dans le modèle aldo/sel, E. Schiffrin et son équipe ont montré l'implication de l'ET-1 dans le remodelage vasculaire observé (Li et al, 1994). Le lien entre l'activation du RM et les effets d'ET-1 et/ou la synthèse d'ET-1 n'est pas bien défini, cependant l'Ang II pourrait être un candidat en stimulant la production locale d'ET-1 dansnles cellules endothéliales. L'exploration de cette hypothèse est en cours et constitue le projet de Violaine Griol-Charhbili.

VI-1.2.3 Etude de la fonction endothéliale coronaire.

Cette étude a été réalisée à Rouen, par Julie Favre, dans l'équipe du Dr Vincent Richard (Inserm U644). Les résultats sont encore préliminaires, sur un nombre de souris DT faible (n=4), et montrent une fonction endothéliale coronaire altérée. La relaxation en réponse à des concentrations croissantes d'acétylcholine (Ach) est diminuée (de 20%), par rapport aux souris contrôles. Cette dernière est inhibée de manière plus importante chez les souris DT après inhibition des NO synthases, par la LNNA (N[G]-nitro-L-arginine, 10^{-4}M), ce qui suggère une altération des relaxations dépendantes de l'endothélium (**Figure VI.11 a et b**), mais indépendantes du NO. En effet, les relaxations induites par un donneur de NO, le NPS, ne sont pas affectées dans les artères coronaires des souris DT, par rapport aux contrôles (**Figure VI.11.c**).

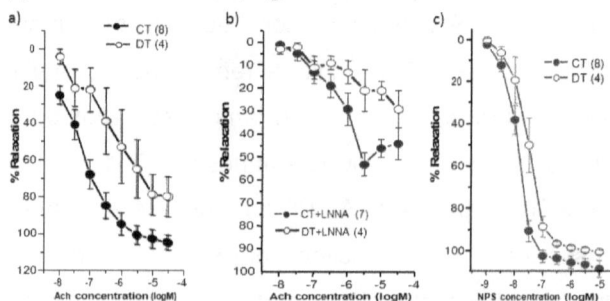

Fig.VI.11 Réactivité vasculaire *ex vivo* sur les artères coronaires. Effet de la surexpression du RM dans l'endothélium sur la relaxation des segments d'artères coronaires, après pré-contraction à la sérotonine (10^{-5}M), en réponse à des concentrations croissantes d'acétylcholine (Ach), en absence (**a**) ou en présence (**b**) d'un inhibiteur des NO synthases, le LNNA (10^{-4}M), ou

en réponse au donneur de NO, le NPS (c).
Les valeurs sont exprimées en moyenne ± sem, en pourcentage de la contraction à la sérotonine. Le nombre de souris est indiqué entre parenthèses. CT *vs* DT, * p<0.05, test d'analyse des variances ANOVA suivi du test *t* de Student.

Ce résultat diffère avec celui obtenu dans les artères mésentériques (voir **VI-1.2.2**), où nous n'avions obtenu, pour rappel, aucune altération des réponses aux vasodilatateurs. Les artères coronaires et mésentériques sont toutes les deux considérées comme des artères de résistance, cependant leur environnement tissulaire est différent, ce qui explique la différence de résultat obtenue.

Une étude *ex vivo* (Piepot et al, 2002) montre des différences dans la réponse à certains vasoconstricteurs selon le type d'artère de résistance considéré, notamment entre les artères mésentériques et les artères coronaires de rat. Les auteurs montrent que suite à l'exposition au lipopolysaccharide (LPS), la contraction en réponse à la noradrénaline est atténuée dans les artères mésentériques et pas dans les artères coronaires. Inversement, la contraction en réponse au thromboxane A2 est atténuée seulement dans les artères coronaires (Piepot et al, 2002). Une autre étude *ex vivo* examine l'effet de l'hypertrophie induite par une surcharge de pression sur les réponses vasorelaxantes des artères coronaires et mésentériques de cochon. Ainsi, les relaxations en réponse à l'Ach ou au nitrate prussiate de sodium sont réduites dans les artères coronaires alors qu'elles sont inchangées dans les artères mésentériques (Mc Goldrick et al, 2007).

VI-1.2.4 Etude de la compliance des vaisseaux et analyse morphologique. Ces études ont été entreprises par l'équipe du Dr Patrick Lacolley (Inserm U684), à Nancy, par la technique d'échotracking, laquelle permet de mesurer, à la fois la structure et la fonction artérielles, en particulier la compliance et la distensibilité du vaisseau (indices qui reflètent la rigidité artérielle systémique). Les résultats sont récapitulés dans le **Tableau 6** (**a et b**). L'équipe du Dr Patrick Lacolley montre une augmentation de la PAS chez les souris DT éveillées (méthode tail-cuff), comparées aux souris contrôles. L'augmentation de la rigidité artérielle étant importante dans le contrôle de la pression artérielle, nous avons étudié les paramètres biomécaniques définissant la rigidité artérielle dans les souris DT et contrôles. Cependant, les propriétés biomécaniques (diamètre artériel, distensibilité, épaisseur, module élastique incrémentiel), évaluées au niveau de l'artère carotidienne, ne diffèrent pas entre les deux groupes. De plus, les marquages en élastine et en collagène ne sont pas différents, suggérant que la structure des vaisseaux est comparable entre les deux groupes. D'autre part, le nombre des noyaux (qui reflète le nombre de cellules vasculaires, plus exactement le nombre des CMLv), est similaire entre les deux groupes, indiquant qu'il n'y pas plus de cellules vasculaires chez les souris qui surexpriment le RM dans l'endothélium.

a)

Souris éveillées	CT (7)	DT (7)
Poids (g)	35±1	34±1
PAS (mmHg)	126±2	139±4 *
Souris anesthésiées	CT (7)	DT (7)
PAS (mmHg)	133±6	149±12
PAD (mmHg)	91±3	92±8
PAM (mmHg)	105±4	111±9
PP (mmHg)	42±5	57±7

b)

Paramètres à PAM	CT (7)	DT (6)
Diamètre luminal (µm)	582±33	594±42
Distensibilité (mmHg⁻¹.10⁻³)	7.8±1.3	8.2±1.6
Epaisseur (µm)	17.0±1.8	16.4±2.3
Einc (kPa)	1021±273	1047±209
Collagène (%)	14.7±1.3	14.4±1.3
Elastine (%)	36.6±0.4	36.9±2.7
Nuclei number (µm⁻².10⁻³)	3.5±0.2	3.4±0.3

Tableau 6 - Propriétés biomécaniques au niveau de la carotide.

a) La PAS est plus élevée chez les souris DT, comparées aux souris contrôles (CT).
b) Au niveau de l'artère carotidienne des souris contrôles et DT, le diamètre artériel, la distensibilité, l'épaisseur et le module élastique incrémentiel (Einc) ne sont pas différents entre les deux groupes. De plus, la composante élastique (% élastine) et fibreuse (% collagène) de la paroi artérielle est similaire entre les deux groupes, ainsi que la densité des noyaux.
Les valeurs sont exprimées en moyenne ± sem. Le nombre d'animaux est indiqué entre parenthèses (en vert), CT vs DT, * $p<0.05$, test non apparié t de Student.

Dans l'aorte, les analyses de l'expression des transcrits des gènes impliqués dans les processus de remodelage, tels que la fibronectine, les collagènes 1a et 3a, ou encore le facteur de croissance CTGF, n'ont montré aucune différence entre les souris DT et contrôles (**Figure VI.12**).

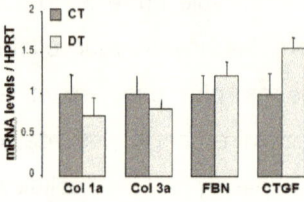

Fig. VI.12 Molécules de remodelage.

Analyse par RT-PCR quantitative en temps réel au niveau de l'aorte des souris contrôles (CT) et DT.
Les valeurs exprimées en moyenne ± sem sont normalisées par rapport au gène de ménage HPRT, n=9 souris par groupe, test non apparié *t* de Student.
Aucune modification de l'expression des collagènes (Col1a, Col3a), de la fibronectine (FBN) et du facteur de croissance CTGF n'est obtenue entre les souris DT et CT.

D'autre part, l'analyse de la structure de la paroi artérielle (au niveau de la carotide), par histomorphométrie, n'a révélé aucune altération entre les souris DT et contrôles (**Figure VI.13**).

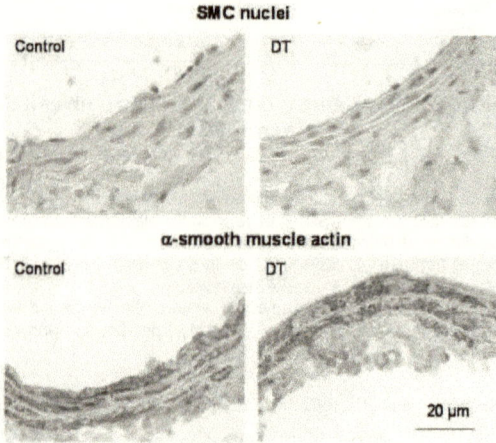

Fig VI.13 Histomorphométrie.
Des sections transverses d'artères carotidiennes de souris contrôles et DT sont incubées: i) avec l'hématoxyline pour montrer les noyaux des cellules du muscle lisse (SMC nuclei), ii) avec un anticorps anti-α actine pour déterminer la taille des cellules du muscle lisse. La structure de la paroi artérielle est normale

entre les souris contrôles et les souris DT.

En conclusion, l'activation du RM dans l'endothélium conduit à une augmentation de la PAS, non associée à une augmentation de la rigidité artérielle, et sans modification de la structure des vaisseaux.

VI-1.3 Etudes moléculaires.

Ces études devraient nous permettre de mieux définir les mécanismes moléculaires qui entrent en jeu dans les phénotypes obtenus.

Plusieurs cibles moléculaires sont à envisager dans les vasculopathies induites par l'aldostérone, comme les molécules du système rénine-angiotensine (SRA), du système endothéline, celles impliquées dans les processus inflammatoires et de remodelage, dans le stress oxydatif, les molécules de l'appareil contractile, ou encore les canaux potassiques impliqués dans la fonction endothéliale. Les résultats décrits dans ce manuscrit ne concerneront que les molécules du SRA, de l'appareil contractile et les canaux potassiques activés par le calcium.

VI-1.3.1 Système rénine-angiotensine et système endothéline.

Pour comprendre les mécanismes impliqués dans les modifications de la réactivité vasculaire *ex vivo* dans les artères mésentériques et l'augmentation de la réponse pressive *in vivo* aux vasoconstricteurs (angiotensine II et endothéline-1) obtenues dans notre modèle conditionnel, nous nous sommes intéressés à la modulation de l'expression des gènes des systèmes rénine-angiotensine et endothéline.

La surexpression du RM dans l'endothélium ne modifie pas l'expression des gènes du système rénine-angiotensine (ACE, enzyme de conversion et AT1R, récepteur de l'Ang II de type 1) (**Figure VI.14.a**). En revanche, le niveau d'expression ARNm d'ET1 est signicativement plus élevé chez les souris DT, par rapport aux souris contrôles (x4). De manière intéressante, l'expression ARNm du récepteur de l'ET1 de type B (ETB) est aussi plus élevée (x2), alors que celle du récepteur de type A (ETA) est inchangée (**Figure VI.14.b**).

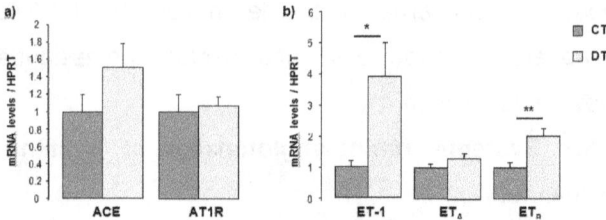

Fig VI.14 Etude des systèmes rénine-angiotensine et endothéline.
Analyse par RT-PCR quantitative en temps réel au niveau de l'aorte des souris

contrôles (CT) et DT. Les valeurs exprimées en moyenne ± sem sont normalisées par rapport au gène de ménage HPRT, n=9 souris par groupe, CT vs DT, * p<0.05, ** p<0.01, test non apparié *t* de Student. La surexpression du RM dans l'endothélium (souris DT) ne conduit pas à la modification de l'expression des gènes du système rénine-angiotensine (**a**). ACE : enzyme de conversion, AT1R: récepteur de l'Ang II de type 1. En revanche, les expressions ARNm du ligand ET1 et de son récepteur de type B (ET$_B$) sont plus élevées dans l'aorte des souris DT, comparées aux souris CT (**b**).

Ces résultats indiquent la possibilité d'une interaction directe ou indirecte entre l'aldostérone/RM et l'ET1/ET$_B$. Le lien entre l'activation du RM et les effets/la synthèse de l'ET1 n'est pas bien défini. L'Ang II pourrait être un candidat en stimulant la production locale d'ET1 dans les cellules endothéliales (Hsu et al, 2004). Cependant, dans notre modèle conditionnel, la réponse des artères mésentériques est altérée en réponse à tous les vasoconstricteurs testés, (et non pas à un vasoconstricteur en particulier) suggérant que la cascade de signalisation qui serait altérée, est située en aval de l'activation des récepteurs de tous ces vasoconstricteurs.

VI-1.3.2 L'appareil contractile du muscle lisse.

D'après les conséquences fonctionnelles à la surexpression du RM dans l'endothélium observées, nous pouvons émettre l'hypothèse que le dialogue entre l'endothélium et le muscle lisse (CML) est altéré. C'est pourquoi, nous nous sommes penchés sur l'étude de l'expression des molécules composant l'appareil contractile ou intervenant dans la fonctionnalité de l'appareil contractile. Nous avons obtenu chez les souris DT par rapport aux souris contrôles, une augmentation des expressions ARNm de l'α-actine et de la troponine T, et une diminution des isoformes de la tropomyosine, constitutive de la structure de l'appareil contractile du muscle lisse (**Figure VI.15**).

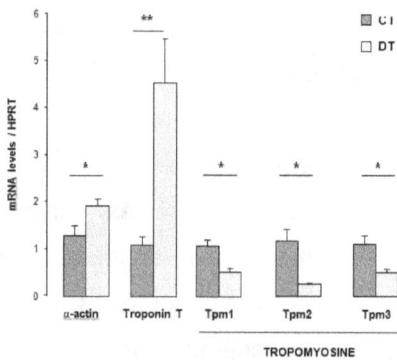

Fig VI.15 Etude de l'appareil contractile.

Analyse par RT-PCR quantitative en temps réel au niveau de l'aorte des souris contrôles (CT) et DT.
Les valeurs exprimées en moyenne ± sem sont normalisées par rapport au gène de ménage HPRT, n=9 souris par groupe. CT vs DT, * p<0.05, ** p<0.01, test non apparié t de Student.
La surexpression du RM dans l'endothélium (souris DT) conduit à l'augmentation des expressions ARNm de l'α-actine et de la troponine T, et à la diminution de celle des isoformes de la tropomyosine (Tpm1, Tpm2 et Tpm3).

L'augmentation de l'expression de l'α-actine conduirait à un phénotype plus « contractile » des CMLs. L'augmentation de l'expression de la troponine T (qui a été décrite comme marqueur du phénotype contractile des CMLs de l'artériole afférente rénale (Pinet et al, 2004)) pourrait aller dans ce sens. Ces résultats indiquent des capacités contractiles renforcées chez les souris DT.

Ces études doivent être confirmées au niveau protéique (par western blot) et seront complétées par l'étude de l'expression ARNm et protéique des 2 enzymes, la kinase (MLCK, *Myosin light chain kinase*) et la phosphatase (MLCP, *Mysoin light chain phosphatase*) des chaînes légères de la myosine. En effet, la phosphorylation de la chaîne légère de la myosine par la MLCK est nécessaire à l'interaction actine-myosine, et donc à la contraction de la CML (Ikebe et al, 1987). La MLCP a pour rôle de déphosphoryler la chaîne légère de la myosine et entraîner la rupture de l'interaction actine-myosine. L'activité de la MLCP est régulée par les petites protéines G, en particulier Rho A et la famille des Rho-kinases, mais aussi par la protéine kinase C (PKC) (Hirano, 2007). L'activation de la Rho-kinase et/ou de la PKC inhibe la MLCP en la phosphorylant, et induit alors une vasoconstriction de la CMLv (Pacaud et al, 2005; Loirand et al, 2005; Barman, 2007). Nous analyserons donc l'expression ARNm et protéique de Rho A/Rho kinase et de la PKC.

D'autre part, l'activité contractile du muscle lisse peut également être régulée par les protéines régulatrices du filament d'actine: la caldesmone et la calponine. Le rôle de la tropomyosine n'est pas clair, la diminution de son expression pourrait influer sur la stabilisation du filament fin d'actine, via la régulation de la caldesmone.

VI-1.3.3 Implication des canaux potassiques Ca^{2+}-dépendants.

Enfin, nos efforts se sont concentrés sur la modulation de l'expression des canaux potassiques Ca^{2+}-dépendants, décrits pour être jouer un rôle dans la régulation de la fonction endothéliale: les canaux potassiques de petite (SK), moyenne (IK) et grande (BK) conductance.

Nous avons observé une diminution des expressions ARNm des canaux SK3 et IK, endothélium-spécifiques, respectivement de 3.7 et 2.5 fois, chez les souris DT, par rapport aux souris contrôles. De manière intéressante, chez les souris DT, l'expression de la sous-unité β1 (sous unité régulatrice de l'activité du canal K) du canal BK est augmentée de 2 fois, alors que celle de la sous unité α1 (sous unité structurelle, forme le pore du canal K) reste inchangée, comparée aux souris contrôles (**Figure VI.16**).

270

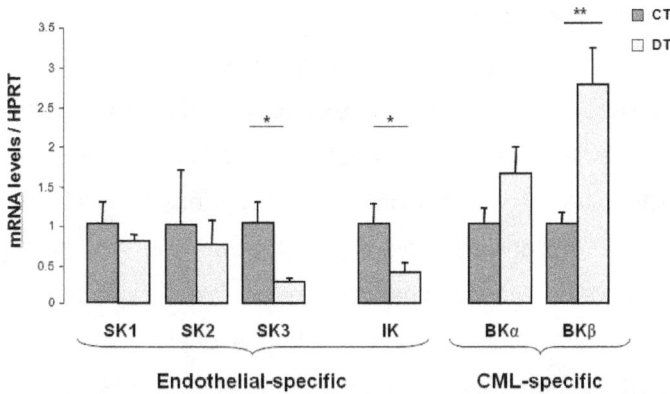

Fig VI.16 Etude des canaux potassiques Ca²⁺-dépendants.

Analyse par RT-PCR quantitative en temps réel au niveau de l'aorte des souris contrôles (CT) et DT.

Les valeurs exprimées en moyenne ± sem sont normalisées par rapport au gène de ménage HPRT, n=9 souris par groupe, * $p<0.05$, ** $p<0.01$, test non apparié *t* de Student. La surexpression du RM dans l'endothélium (souris DT) conduit à la diminution des expressions ARNm de SK3 et IK, et à l'augmentation de celle de BKβ1.

Ces résultats suggèrent que les canaux SK3 et IK pourraient être des cibles primaires de l'aldostérone dans l'endothélium, et la diminution de leurs expressions conduirait à un état de vasoconstriction. Cette diminution serait compensée par l'augmentation en miroir de l'expression de BKβ1, dans le muscle lisse, et d'une vasodilatation compensatrice. Ces résultats montrent que la communication entre endothélium et muscle lisse est modifiée, ce qui expliquerait en partie la réactivité vasculaire altérée que nous observons.

271

VI-2 CONCLUSION.

En résumé, l'étude des conséquences fonctionnelles et moléculaires de la surexpression du RM dans l'endothélium a démontré un rôle majeur du RM dans l'endothélium, conduisant à une hypertension modérée (sans expansion volémique) et à une réactivité vasculaire altérée, chez la souris, sans remodelage vasculaire et indépendemment des effets rénaux de l'aldostérone. Nos travaux montrent, entre autres :

i) l'implication possible du système rénine-angotensine, (diminution de la concentration plasmatique de la rénine, augmentation de la réponse pressive et de la réactivité vasculaire à l'Ang II) et de l'endothéline, (augmentation de la synthèse locale (ET1, ETB), de la réponse pressive et de la réactivité vasculaire à l'ET1). On peut envisager la voie du récepteur du facteur de croissance épidermique (EGFR), comme voie intégratrice de la signalisation aldostérone/Ang II/ET1. En effet, l'implication de la signalisation EGFR, dans les effets cardiovasculaires induits par l'aldostérone, a été suggérée par des études *ex vivo* et *in vivo*, sur la base d'une expression accrue ou d'une activation de l'EGFR, après stimulation par l'aldostérone. Toutefois, le rôle direct de l'activation de l'EGFR dans les effets physiopathologiques de l'aldostérone dans le système cardiovasculaire n'a pas encore été démontré. Pour étayer notre hypothèse selon laquelle la transactivation de l'EGFR serait un mécanisme commun, qui pourrait amplifier la signalisation croisée aldostérone/Ang II/ET1, nous pourrons compléter l'étude de notre modèle conditionnel, en examinant après administration d'aldostérone, d'Ang II et/ou d'ET1, l'activation de l'EGFR et des voies de signalisation sous jacentes. Nous analyserons également *ex vivo* l'effet d'un antagoniste de l'EGFR sur l'augmentation de la réponse contractile à l'Ang II et/ou l'ET1.

ii) une modification possible du couplage cellules endothéliales/cellules musculaires lisses, avec les effets moléculaires sur les expressions des canaux potassiques Ca^{2+}-dépendants et des molécules de l'appareil contractile. Il semble impératif de poursuivre l'exploration moléculaire de notre modèle conditionnel par l'analyse de l'expression ARNm et protéique des molécules de la cascade de signalisation des Rho-kinases et de la PKC, impliquées dans les phénomènes de contraction du muscle lisse.

VI-3 EXPERIENCES SUPPLEMENTAIRES: DETERMINATION DES PARAMETRES HEMODYNAMIQUES.

Nous avons étudié les effets de l'activation du RM dans l'endothélium sur le débit cardiaque et les résistances vasculaires, par deux techniques expérimentales différentes.

VI-3.1 Mesure du débit cardiaque et des flux sanguins régionaux.

La mesure *in vivo* précise du débit cardiaque par la technique des microsphères fluorescentes (méthode invasive) a montré que chez les souris femelles DT, le débit cardiaque est augmenté de 13%, par rapport aux souris contrôles (**Figure VI.17.a**). Cette augmentation a une répercussion sur les autres gros organes, tels que le cerveau, les reins et le muscle. En effet, les souris DT présentent une augmentation des flux sanguins régionaux (**Figure VI.17.c**).

La résistance périphérique totale calculée est légèrement plus basse chez les souris DT que chez les souris contrôles (**Figure VI.17.b**).

274

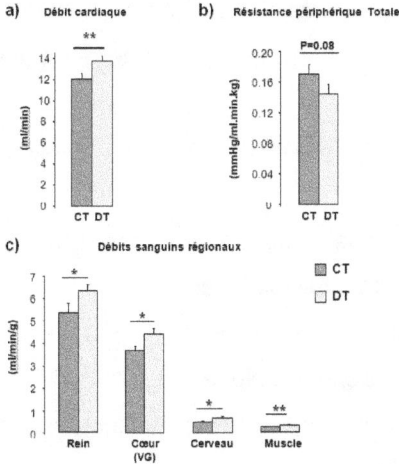

a) Débit cardiaque

b) Résistance périphérique Totale

c) Débits sanguins régionaux

Fig VI.17 Evaluation du débit cardiaque et des débits sanguins régionaux (Fluosphères).

Le débit cardiaque (mL/min) et les débits régionaux mesurés au niveau du rein, du cerveau et du muscle, sont significativement augmentés (a et c) chez les souris DT, par rapport aux souris contrôles (Femelles, 3 mois, n=10, * : p<0.05 et ** : p<0.01, test *t* de Student). La résistance périphérique totale calculée est plus basse chez les souris DT, par rapport aux souris contrôles (b).

Ainsi, dans cette expérience, la surexpression du RM dans l'endothélium conduit à une augmentation du débit cardiaque et des débits sanguins régionaux. Ce résultat est associé à une augmentation de la pression artérielle chez la souris DT anesthésiée, par rapport aux souris contrôles (cf **VI-1.2.1.2**).

La technique des microsphères ne permet pas d'avoir une mesure de la résistance des artères périphériques exacte. C'est pourquoi, la technique non invasive par échographie Doppler, pour analyser les résistances vasculaires, nous a semblé un bon moyen de mesurer les vitesses du flux sanguin dans différents territoires vascularisés. Elle permet aussi de calculer un indice de résistance (IR), reflétant la résistance hémodynamique des artérioles et capillaires en aval de l'artère rénale étudiée.

VI-3.2 Evaluation des résistances hémodynamiques locales (rein).

L'analyse hémodynamique obtenue par échographie Doppler vasculaire a été possible grâce au Dr Bonnin (Inserm U689, Hôpital Lariboisière, Paris 7, France), à l'aide d'une sonde échographique de 14 MHz, permettant de mesurer *in vivo* la vitesse du flux sanguin au niveau de l'artère rénale.

Dans les conditions basales, au niveau de l'artère rénale droite, pour les grandeurs hémodynamiques locales, les vitesses systoliques sont égales entre les souris qui surexpriment le RM dans l'endothélium (DT) et les contrôles. En revanche, la vitesse diastolique et la vitesse moyenne du flux sanguin sont augmentées chez les souris DT par rapport aux contrôles, suggérant une diminution des résistances vasculaires d'aval, donc intrarénales (cm.s^{-1}: 9.7±0.9 *vs* 14.2±1.0, contrôles *vs* DT, n=7 souris mâles âgées de 7 mois, p<0.001, test d'analyse des variances ANOVA à 2 facteurs). Une augmentation des vitesses diastoliques correspond à une modification des résistances vasculaires en aval de l'artère étudiée, en l'occurrence une diminution des résistances artériolaires et capillaires. D'autre part, la mesure des diamètres de l'artère rénale droite par échographie à haute résolution (réalisée à l'Institut Cochin) ne montre pas de différence évidente entre les deux groupes d'animaux.

La diminution de la résistance hémodynamique (Rh) rénale peut être due, soit à une vasodilatation isolée, soit à une augmentation du nombre de vaisseaux isolée, ou les deux.

La diminution des Rh rénales est prévenue lorsque les souris sont traitées par le canrénoate de K (antagoniste du RM), pendant 5 jours (20 mg/Kg/j), dans l'eau de boisson) (cm.s^{-1}: 8.9±1.6 *vs* 10.3±1.6, contrôles *vs* DT, n=7, test de Student sur série appariée) (**Figure VI.18**). La rapidité d'action du canrénoate plaide en faveur d'un mécanisme de vasomotricité, plutôt que pour une variation du nombre de vaisseaux (capillaires).

Pour vérifier que l'effet observé n'est pas dû à l'effet diurétique du canrénoate de K, après être revenu à l'état basal (période de purge de 3 semaines), nous avons traité les souris DT et contrôles par un diurétique non spécifique, l'hydrochlorothiazide (HCTZ, 25 mg/Kg/j, dans l'eau de boisson pendant 5 jours). Sous HCTZ, la baisse de Rh rénale reste identique à l'état basal.

Ces modifications hémodynamiques locales sont superposables chez les souris mâles et chez les souris femelles. Cependant, chez les souris femelles DT, on observe un débit cardiaque (estimé au niveau de l'artère pulmonaire) plus important que chez les souris contrôles et par rapport aux souris mâles. Ces différences observées entre les mâles et les femelles pourraient être dues à une dépression cardiorespiratoire, consécutive à l'anesthésie (au gaz isoflurane), légèrement inférieure chez les souris mâles DT, pendant l'enregistrement, qui présentent une baisse de leur fréquence cardiaque de 7%.

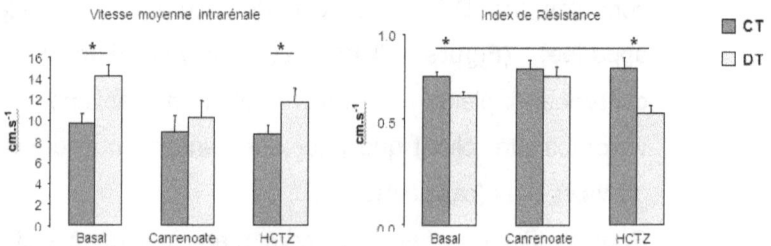

Fig VI.18 Echo-Doppler vasculaire: resístance hémodynamique intrarénale.
A l'état basal, chez les souris mâles DT, la vitesse moyenne du flux sanguin au niveau de l'artère rénale droite est significativement augmentée, ce qui traduit une Résistance hémodynamique (Rh) intrarénale plus basse chez les souris DT, par rapport aux contrôles.
Sous Canrénoate de K (antagoniste du RM), la baisse des Rh rénales chez les

souris mâles DT est prévenue, indiquant que ce phénotype est bien une conséquence de la surexpression du RM dans l'endothélium, et non un effet diurétique de cet antagoniste pharmacologique, puisque les souris DT traitées par un diurétique non spécifique (HCTZ, Hydrochlorothiazide) présentent les mêmes caractéristiques que les souris DT à l'état basal.

Les souris femelles DT ont aussi des Rh intrarénales plus basses que celles des souris contrôles. De plus, le débit cardiaque est significativement augmenté chez les souris femelles DT.

Les valeurs sont exprimées en moyenne ± sem, n=7 souris mâles dans chaque groupe, * p<0.05, test non apparié *t* de Student.

VI-3.3 Discussion des résultats.

La détermination des paramètres hémodynamiques de l'organisme montre que le débit cardiaque est augmenté chez les souris femelles DT, ce qui pourrait expliquer l'augmentation de la pression artérielle de 10 mmHg (souris anesthésiées au pentobarbital, **paragraphe VI-1.2.1.2**). Toutefois, on peut déduire de ces résultats que la résistance périphérique totale est plus faible chez les souris DT, suggérant que les souris DT seraient vasodilatées. Ce résultat ne concorde pas avec les résultats de mesure des réponses relaxantes et contractiles aux agents vasoactifs que nous avons décrits précédemment. En effet, d'après nos données précédentes, les souris DT sont plus sensibles aux agents vasoconstricteurs, on aurait pu alors s'attendre à ce que les résistances vasculaires soient augmentées dans notre modèle conditionnel, sauf si l'augmentation de la sensibilité aux vasoconstricteurs est là pour compenser la vasodilatation. Les paramètres hémodynamiques locaux, au niveau de l'artère rénale, viennent appuyer les résultats obtenus par la technique des microsphères fluorescentes. En effet, les résistances hémodynamiques intrarénales sont diminuées chez les souris DT, ce qui suggère un état de vasodilatation, à ce niveau. Il est possible que les choses soient différentes si l'on considère un autre territoire que le rein, comme le mésentère par exemple.

En conclusion, la mesure du débit cardiaque et des flux sanguins régionaux, par la technique des fluosphères, et la mesure des vitesses du flux sanguin par échographie Doppler, semble indiquer toutes deux que les souris qui surexpriment le RM dans l'endothélium ont des résistances vasculaires abaissées et donc, sont vasodilatées. Ce résultat est paradoxal avec nos données précédentes, à savoir l'hypersensibilité aux agents vasoconstricteurs et l'augmentation de la pression artérielle. Il nous est difficile d'intégrer à l'heure actuelle l'ensemble de ces données.

Notre hypothèse est que l'effet primaire de la surexpression du RM dans l'endothélium serait une vasodilatation, laquelle serait compensée par une sensibilité élevée aux agents vasoconstricteurs et une augmentation modérée de la pression artérielle.

Des expériences complémentaires sont nécessaires pour étayer notre hypothèse et mieux comprendre le phénotype vasculaire que nous observons dans notre modèle conditionnel. En effet, il serait intéressant d'effectuer une mesure précise des diamètres de la paroi artérielle, dont dépendent les résistances vasculaires périphériques et ce, au niveau de l'artère rénale, mais aussi du réseau artériolaire et capillaire. De plus, une meilleure exploration du lit capillaire permettrait de mieux appréhender le fonctionnement du système circulatoire dans son ensemble.

CHAPITRE VII – RESULTATS : MODELE DE SUREXPRESSION DU RM/RG DANS LES CARDIOMYOCYTES.

Dans ce chapitre, il s'agit de résumer les résultats obtenus dans la caractérisation du modèle de surexpression du RM/RG spécifiquement dans le cœur et qui ont fait l'objet de deux articles scientifiques dans lesquels je suis respectivement en 6ème (Ouvrard-Pascaud et al, 2005) et 2ème positions (Sainte-Marie Y et al, 2007). J'ai participé à la caractérisation du phénotype moléculaire de ces modèles transgéniques

Les modèles transgéniques de surexpression conditionnelle du RM et du RG dans le cœur ont permis d'établir: 1) l'implication directe du RM et de l'aldostérone dans différentes fonctions cardiomyocytaires, telles que la contraction, le rythme et le remodelage ionique; 2) l'importance des interactions locales entre l'aldostérone et l'angiotensine II (Ang II); 3) la signalisation spécifique RM/RG par une approche transcriptomique.

La surexpression cardiaque du RM induit des anomalies importantes associant prolongation de la repolarisation ventriculaire et des arythmies spontanées et induites, conduisant à la une létalité embryonnaire.

282

Ceci s'associe à un remodelage ionique entraînant une diminution du courant potassique It0 et une augmentation de la durée du potentiel d'action et des courants calciques de type L (ICaL). J'ai été impliquée dans ce projet au début de ma thèse.

Ce modèle a également été utilisé pour étudier les interactions locales entre les signalisations croisées du RM et de l'Ang II. La combinaison d'approches génétique et pharmacologique a permis de mettre en évidence une potentialisation des voies de signalisation, conduisant au remodelage cardiaque. Un article dans lequel je suis en 2ème position a été accepté pour publication dans le journal *Hypertension* en 2008. La surexpression cardiaque du RG montre des différences phénotypiques intéressantes lorsqu'on compare avec le modèle de surexpression du RM. On observe des défauts majeurs de la conduction auriculo-ventriculaire (BAVs, blocs auriculo-ventriculaires) et une cardiomyopathie dilatée modérée, qui est totalement compensée. Aucune mortalité embryonnaire n'est constatée, comme pour le modèle de surexpression du RM. Le remodelage ionique associé est également spécifique et différent de celui mentionné auparavant pour le RM. La diminution du courant sodique INa et du courant potassique IKslow est certainement responsabl de l'apparition des BAVs. Une modification de l'homéostasie calcique cellulaire est observée dans le modèle de surexpression du RG et pas dans le modèle de surexpression du RM. En effet, la charge calcique du réticulum sarcoplasmique est augmentée dans les souris DT. Ce résultat est associé à une diminution de l'expression protéique du phospholamban (sous sa forme déphosphorylée, cette protéine inhibe l'activité de la pompe SERCA). Cette régulation du phospholamban expliquerait en partie, l'augmentation de la charge calcique du réticulum sarcoplasmique, par une activité plus importante de la pompe SERCA, et non par une augmentation du nombre de pompes (expression protéique de SERCA inchangée entre les deux groupes d'animaux).

La comparaison des conséquences phénotypiques de la surexpression cardiaque du RM ou du RG indique que plusieurs fonctions régulées sont communes aux deux récepteurs. Mais les résultats suggèrent que des voies de signalisation et des cibles spécifiques sont régulées différemment par l'activation du RM ou du RG dans le cœur.

DISCUSSION.

« Chacun fait l'expérience du monde avec un point de vue qui lui est propre. (…) Il y a autant d'interprétations qu'il y a de personnes pour le percevoir. La représentation que l'on construit des pensées d'autrui étant intimement liée à notre propre expérience dans ce qu'elle a de réel et de sensible, elle s'impose à nous si bien qu'elle nous apparaît évidente. Dans notre subjectivité, nous sommes convaincus de l'objectivité de notre point de vue qui, par conséquent, nous apparaît devoir être logiquement partagé par tous. »

CHAPITRE VIII – DISCUSSION GENERALE ET PERSPECTIVES.

Notre but principal est d'améliorer la compréhension du rôle physiopathologique de l'aldostérone et de préciser les voies de signalisation par lesquelles l'aldostérone favorise des pathologies dans divers systèmes biologiques.

Notre stratégie d'étude a consisté à une analyse segmentaire du rôle physiopathologique de l'aldostérone à l'aide de modèles conditionnels transgéniques, nous permettant i) de moduler le niveau d'expression du récepteur (RM et RG), sans a priori sur le niveau de concentration du ligand, ii) de cibler précisément l'expression du récepteur dans le territoire cible sélectionné. Cette approche ciblée permet de se focaliser sur le rôle spécifique du récepteur, soit dans le rein (canal collecteur), soit dans le vaisseau (endothélium), et évite la possibilité de phénomènes secondaires dus aux effets multiples possibles de l'aldostérone ou des glucocorticoïdes du fait de la large distribution tissulaire du RM et du RG.

VIII-1 MODELE DE SUREXPRESSION CONDITIONNELLE DU RG DANS LE CANAL

COLLECTEUR (CD).

VIII-1.1 Pourquoi étudier le rôle du RG dans le CD: intérêt du modèle conditionnel transgénique ciblé ?

Les fonctions régulées par l'aldostérone et le RM dans le rein, au niveau du néphron distal, sont relativement bien étudiées et admises par tous, tandis que celles qui dépendent de l'activation du RG ne sont pas claires. Des études *ex vivo* (cellules en culture) montrent en effet que les glucocorticoïdes peuvent réguler les transporteurs de sodium, en se liant au RM et/ou RG. Cependant, bien que ces récepteurs soient homologues et que leur profil d'expression se chevauche dans le néphron distal, un récepteur en particulier ne suffit pas pour assurer ces fonctions. Par exemple, dans le modèle d'invalidation du gène du RM (souris $RM^{-/-}$), les souris $RM^{-/-}$ meurent après leur naissance d'un syndrome sévère de perte de sel et d'eau, sans que le RG restant ne puisse compenser l'absence du gène RM (Berger et al, 1998). De manière intéressante, des injections de NaCl permettent de prévenir la perte de sel et ainsi, la mort des souris $RM^{-/-}$ (Bleich et al, 1999), ce qui suggère une influence des glucocorticoïdes (GCs) sur l'activité du canal sodique ENaC via le RG (Schulz-

Baldes et al, 2001).

Pour mieux comprendre ce rôle spécifique du RG dans l'homéostasie ionique rénale, nous avons ciblé l'expression du RG dans le canal collecteur (CD), en utilisant le promoteur Hoxb7. Nous avons vérifié que l'expression du transgène RG était restreinte au CD, et qu'elle ne s'étendait pas dans les segments du néphron situés en amont du CD, en particulier dans le tubule connecteur (CNT) et dans le tubule contourné distal (DCT). Ce ciblage uniquement dans le CD nous a permis de bien distinguer dans nos études moléculaires la participation propre du RG dans le CD, et les compensations associées. De plus, l'utilisation du système tétracycline permet de manipuler dans le temps la surexpression du RG par l'administration de doxycycline (Dox). Nous avons pu ainsi étudier les conséquences de la surexpression du RG dans le CD, en conditions basales, ou juste après l'induction par la Dox de l'expression du transgène, à savoir avant la survenue des mécanismes d'adaptation.

La surexpression du RG spécifiquement dans le CCD reste modérée, de l'ordre de 2-4 fois (au niveau messager) (**Figure V.10**). Nos résultats montrent qu'elle apparaît 2 jours seulement après induction par la Dox

(J2), et qu'elle reste élevée après 15 jours de Dox, tandis que les niveaux d'expression rénale des gènes endogènes RG, RM et HSD2 restent inchangés. On peut noter, dans le CCD, une régulation négative transitoire du RG endogène après 2 jours d'induction du transgène.

VIII-1.2 Quelles sont les nouvelles données apportées par notre étude ?

Nos résultats ont démontré, pour la première fois, que l'activation du RG dans le CD induisait précocément des changements moléculaires de l'expression de gènes impliqués dans le transport transépithélial de Na. En effet, les souris qui surexpriment le RG dans le CD (souris DT) présentent après 2 jours d'induction du transgène: i) une augmentation de l'expression de la s.u α du canal sodique ENaC et de GILZ, une protéine décrite pour être précocément induite par l'aldostérone, et qui entraîne l'augmentation du transport de sodium ii) une diminution de l'expression de WNK4,

sérine/thréonine kinase régulatrice de l'activité des transporteurs ioniques (Na et K) (**Figure V.13**), sans aucune modification moléculaire de ces mêmes gènes dans les segments en amont du CCD, à savoir dans le CNT et dans le DCT. Ces données montrent clairement des effets primaires dus à l'activation du RG dans le CD, tandis qu'aucun mécanisme compensatoire ne se met en place dans le CNT et le DCT. Ces effets dans le CCD n'affectent pas l'expression d'αENaC, ni des autres canaux et gènes régulateurs de l'activité de canaux ioniques étudiés, dans le rein entier, après 2 jours d'induction du transgène hRG.

Nous avons donc mis en évidence une modulation de l'expression d'αENaC, entre autres, dans le CCD, accompagnée d'une diminution en amont dans le CNT et le DCT, indiquant une adaptation (**Figure VIII.1**).

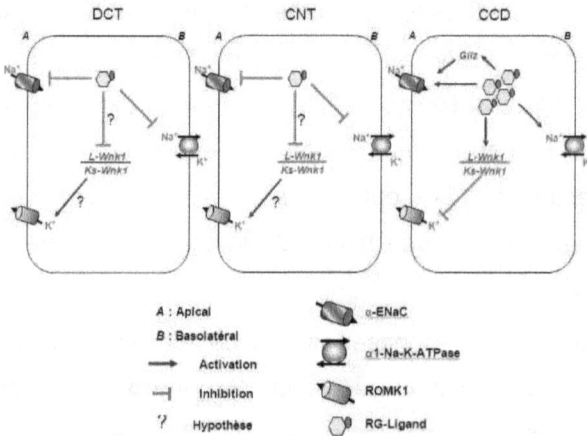

Figure VIII.1 Conséquences moléculaires de la surexpression du RG dans le CD.

VIII-1.3 Ces changements moléculaires précoces ont-il un impact physiologique sur l'organisme de la souris ?

Les études cinétiques (J0 à J6) d'évaluation de la fonction rénale (études en cages à métabolisme) nous ont permis de répondre à cette question. L'excrétion urinaire de Na et de K, ainsi que le ratio Na/K urinaire ne sont pas altérés chez les souris DT par rapport aux contrôles. Toutefois, la concentration d'aldostérone urinaire, chez les souris DT est transitoirement diminuée à J2-J3 après induction par la Dox. Ce résultat pourrait être associé à l'augmentation de l'expression d'α-ENaC dans le CCD, induisant une augmentation du volume extracellulaire, responsable de la baisse d'aldostérone. Puis, l'aldostéronurie des souris DT revient à la normale à partir de J4, ce qui indique que les souris arrivent à s'adapter à l'augmentation de la réabsorption de Na.

Au demeurant, la surexpression du RG dans le CD ne conduit pas à une élévation de la pression artérielle (PA). En effet, on aurait pu s'attendre à une modification de la PA vu que des travaux antérieurs ont montré que l'excès de glucocorticoïdes était associé au développement de l'HTA (Whitworth, 1994; Binkley,

1995). On peut expliquer notre résultat par le fait que dans notre modèle conditionnel, la concentration plasmatique des glucocorticoïdes reste constante. Si comme le suggère la littérature, c'est l'excès de glucocorticoïdes qui induirait une augmentation de la pression artérielle, dans notre modèle conditionnel, nous n'avons pas d'excès de glucocorticoïdes circulants, et donc pas d'effets périphériques vasculaires par exemple. De ce fait, nous n'observons pas de modification de la pression artérielle. D'autre part, les mesures de pression artérielle chez le petit animal se font sur une semaine (2 jours d'entraînement, 3 jours de mesures), ce qui laisse le temps aux mécanismes de compensation de se mettre en place. C'est pourquoi, il semble nécessaire et plus adapté d'évaluer la pression artérielle par télémétrie sur 24h, pour suivre les variations de la PA toutes les heures.

VIII-1.4 Quels sont les mécanismes compensatoires et où se produisent- ils ?

Nous avons mis en évidence des mécanismes moléculaires compensatoires à l'état stable (15 jours d'induction de l'expression du transgène hRG par la Dox), au niveau des tubes distaux et connecteurs du néphron (CNT et DCT). Nos résultats montrent, dans le

CCD, une augmentation de l'expression de la sous-unité $\alpha 1$ de la pompe Na/K- ATPase, concomitant à l'augmentation de l'expression d'α-ENaC. L'augmentation de l'expression de GILZ persiste, ce qui indique que cette protéine doit jouer un rôle régulateur important dans le transport de Na par le canal ENaC. En effet, Pearce et ses collaborateurs ont proposé que GILZ stimule le transport de Na via l'inhibition de la phosphorylation de ERK (*extracellular signal-regulated kinase*), grâce à des expériences in vitro dans les cellules de tubules collecteurs corticaux de souris mpkCCDcl4 (Soundararajan et al, 2005). De manière inattendue, on observe une diminution de l'expression du canal potassique apical ROMK. Pour tenter de comprendre ce résultat, nous avons analysé, dans un premier temps, l'expression des gènes de la famille des kinases WNK, gènes régulateurs de l'activité de canaux potassiques membranaires. En effet, ROMK peut-être régulé par WNK4 (Kahle et al, 2003), qui diminue le nombre de transporteurs à la membrane, mais aussi par L-WNK1, qui stimule son endocytose (Lazrak et al, 2006). La **figure VIII.2** récapitule les régulations de ROMK par les isoformes de WNK dans le néphron distal.

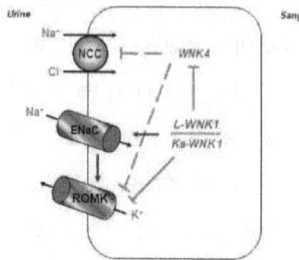

Figure VIII.2- Régulation de ROMK par les kinases WNK dans le néphron distal.

(D'après les études de Huang et Kuo, 2007 et Kahle et al, 2003)
WNK4 inhibe le cotransporteur Na^+/Cl^- (NCC) (en pointillés rouges). Une augmentation du ratio L-WNK1/Ks-WNK1 stimule le canal sodique ENaC (flèche bleue), inhibe ROMK et antagonise l'actionminhibitrice de WNK4 sur NCC (en rouge).
L-WNK1: isoforme longue de WNK1; Ks-WNK1:misoforme rein spécifique de WNK1.

Dans le rein entier à l'état stable, nos résultats montrent une légère augmentation du ratio L-WNK1/Ks-WNK1 (environ 1.7 fois, voir **tableau 4 au paragraphe V-2.1.3.4.a**), chez les souris DT par rapport aux contrôles, qui aurait pour conséquences de stimuler de l'activité d'ENaC et d'inhiber l'activité du canal ROMK.

Toutes ces modifications moléculaires dans le CCD sont compensées dans le CNT et le DCT. Ces compensations expliqueraient l'état physiologique normal (PA et homéostasie hydrosodée) constatée chez les souris DT.

• *Et demain...*

... Matin ?

Il pourrait être intéressant d'analyser, à ces mêmes temps d'induction par la Dox, l'expression moléculaire de ces mêmes gènes dans l'anse de Henlé (TAL), située en amont des segments tubulaires distaux (DCT, CNT). Cette partie du tube rénal réabsorbe environ 30% du sodium filtré et joue ainsi un rôle important dans la concentration finale de l'urine en électrolytes.

D'autre part, il faudrait mesurer la pression artérielle des souris par télémétrie sur 24h, pour avoir un suivi continu de la pression artérielle, heure par heure, avant et après induction par la Dox, et ainsi peut-être observer une augmentation transitoire de la pression artérielle, avant que surviennent les mécanismes de compensation.

... Après-midi ?

Il serait intéressant de poursuivre l'étude de notre modèle conditionnel dans une situation de « stress »:

1) soit en modifiant le régime en sel des souris: par exemple, en les soumettant à un régime haut en sel, de manière à baisser l'aldostéronémie. On pourrait s'attendre à ce que les souris qui surexpriment le RG dans le CD ne réussissent plus à s'adapter à cette

baisse continue de la concentration plasmatique d'aldostérone, ce qui influerait sur leur PA et leur fonction rénale.

2) soit en modifiant la charge hormonale des souris: par exemple, en infusant à l'aide de mini-pompes osmotiques de l'aldostérone ou de la dexaméthasone (Dex, glucocorticoïde synthétique).

... Soir ?

La question de la nature du ligand reste soulevée. La sélectivité d'action de l'aldostérone et du RM dans le rein, permise par la présence l'enzyme HSD2, est ici discutée. Nos résultats montrent clairement que l'augmentation de l'activité du RG conduit à une augmentation d'ENaC, sans modification de la concentration plasmatique des GCs, et en absence d'inhibition de l'enzyme HSD2 ou de diminution de son expression. Ces données mettent en évidence que l'activité métabolique de l'enzyme HSD2 n'est pas de 100%, et que des GCs peuvent échapper à l'action de l'enzyme pour activer le RG. L'activation du RG par l'aldostérone reste peu probable du fait que les glucocorticoïdes ont une concentration circulante 1000 fois plus élevée que l'aldostérone. De ce point de vue, le RM serait activé de manière permanente par les GCs, d'autant plus que le RM possède une plus grande affinité pour les GCs que le RG.

Une des hypothèses permettant d'expliquer la spécificité du RM pour l'aldostérone, malgré des concentrations plus élevées en glucocorticoïdes, serait qu'il existerait des mécanismes qui stabiliseraient la HSD2 près du RM dans le cytosol des cellules. Cette proximité de l'enzyme HSD2 avec le RM protègerait efficacement le RM de toute fixation par les GCs. La stabilisation de l'enzyme HSD2 pourrait possiblement faire intervenir des protéines chaperones capables de former un « microdomaine » autour de l'enzyme et du RM.

En conclusion, ce travail apporte de nouvelles données sur le rôle physiopathologique du RG dans le canal collecteur rénal. En effet, la surexpression du RG dans le CD conduit à des modifications moléculaires au niveau des transporteurs ioniques et des gènes régulant ces transporteurs/canaux. Toutefois, des mécanismes compensatoires se mettent en place, dans le CNT et le DCT, pour contrecarrer l'action précoce du RG et permettre une PA et une fonction rénale normales. La nature du ligand reste une question ouverte.

VIII-2 MODELE DE SUREXPRESSION CONDITIONNELLE DU RM DANS L'ENDOTHELIUM.

La seconde partie de ma thèse s'est focalisée sur le rôle physiopathologique de l'aldostérone/RM dans le système vasculaire. L'activation du RM entraîne non seulement une élévation de la pression artérielle, sans modification de l'homéostasie hydrosodée, mais aussi une altération de la fonction endothéliale. Pour expliquer ces deux phénotypes, qui ne sont pas forcément associés l'un à l'autre, nos résultats nous permettent de discuter plusieurs mécanismes, activés par le RM pour induire ces phénotypes: 1) la participation du système rénine-angiotensine et de l'endothéline; 2) la régulation génique des canaux ioniques et son implication dans l'altération de la communication entre endothélium et muscle lisse.

VIII-2.1 Activation du RM dans l'endothélium et pression artérielle.

La participation de l'aldostérone/RM dans la régulation de la pression artérielle, via son rôle dans la réabsorption rénale de sodium et la sécrétion de potassium, est actuellement largement admise. Cependant, la question du rôle vasculaire de l'aldostérone n'a été soulevée que récemment, suite aux

298

études cliniques et expérimentales (modèles animaux d'hypertension tels que le modèle aldo/sel, SHR ou Dahl). En effet, dans ces études, les auteurs ont montré les effets bénéfiques vasculaires d'un traitement par un antagoniste du RM (spironolactone ou éplérénone). Nos résultats montrent que la surexpression du RM dans l'endothélium conduit à une hypertension modérée, prévenue rapidement par l'administration de canrénoate de K, métabolite actif de la spironolactone. Cette rapidité d'action du canrénoate de K plaide en faveur d'un mécanisme de vasomotricité plutôt qu'en faveur d'un mécanisme structural. L'augmentation de la pression artérielle est indépendante des effets de l'aldostérone dans le rein sur l'homéostasie ionique et n'est pas associée à une expansion volémique.

Plusieurs hypothèses peuvent être émises pour expliquer une élévation de la pression artérielle selon que l'on s'intéresse aux petites artères de résistance (lit mésentérique, artères coronaires) ou aux grosses artères (aorte). Pour les artères de résistance, l'HTA est associée à: i) un remodelage artériel, ii) une atteinte de la fonction endothéliale. La conséquence globale de ces phénomènes est une augmentation des résistances périphériques, une altération des capacités de vasodilatation et une ischémie tissulaire. Pour les gros vaisseaux, l'HTA impliquerait: i) une hypertrophie, ii) une augmentation de la rigidité artérielle, iii) une perte de la compliance des vaisseaux.

Ceux sont ces différentes hypothèses que nous avons explorées pour tenter d'apporter une explication à l'hypertension modérée observée.

VIII-2.2 Activation du RM et propriétés élastiques du vaisseau.

La surexpression du RM dans l'endothélium ne conduit pas à un remodelage vasculaire, comme le soulignent les résultats obtenus par l'équipe de P. Lacolley. En effet, la structure des artères carotidiennes n'est pas altérée dans notre modèle conditionnel, et aucun des paramètres mesurés n'est modifié (diamètre luminal, épaisseur intima-média, distensibilité, densité des noyaux). Les mesures de compliance n'ont montré aucune différence entre les souris DT et les contrôles. De plus, les examens échocardiographiques, effectuées par le Dr Escoubet (données non montrées), n'ont montré aucune hypertrophie ventriculaire gauche, ni aucune autre anomalie cardiaque, chez les souris DT et contrôles.

VIII-2.2 Activation du RM dans l'endothélium et

fonction endothéliale.

La fonction endothéliale a été étudiée à deux niveaux: au niveau des artères coronaires, par l'équipe du Dr Richard, et au niveau des artères mésentériques, par l'équipe du Dr Henrion. Les résultats montrent que la surexpression du RM dans l'endothélium induit une altération de la fonction endothéliale.

Au niveau des artères coronaires des souris DT, les réponses relaxantes dépendantes du NO, en réponse à l'acétylcholine, sont réduites, alors que les réponses relaxantes endothélium-indépendantes, induites par le NPS (donneur de NO) ne sont pas affectées chez les souris DT. Les souris DT présentent donc une dysfonction endothéliale coronaire.

Au niveau des artères mésentériques des souris DT, la vasoconstriction en réponse aux agents vasopresseurs (angiotensine II, endothéline, thromboxane A2) est potentialisée, alors que les systèmes vasodilatateurs ne sont pas altérés. Nous n'expliquons pas, à ce jour, cette différence au niveau des réponses relaxantes entre les 2 territoires vasculaires.

L'hypersensibilité des souris DT aux agents vasoconstricteurs, pouvant conduire à terme à une vasoconstriction, peut être associée à l'augmentation de la pression artérielle, toutefois le lien n'est pas toujours évident et reste complexe.

Des études moléculaires dans les coronaires et dans les artères mésentériques de ces souris sont prévues pour déterminer les phénomènes moléculaires impliqués dans les phénotypes obtenus dans l'un et l'autre des territoires vasculaires.

Toutefois, l'analyse de l'expression de différentes voies de signalisation, susceptibles d'être mises en jeu dans cette altération de la fonction endothéliale, ont été réalisées dans l'aorte des souris DT et contrôles. Nos résultats montrent des modifications de l'expression de plusieurs de ces gènes, telles que l'augmentation de l'expression des transcrits de l'ET-1 et de son récepteur ETB ou encore des protéines constitutives de l'appareil contractile du muscle lisse, et la diminution de l'expression des transcrits des canaux potassiques endothéliaux Ca-dépendants. L'ensemble de nos résultats suggère:

1) une implication possible du SRA, avec la diminution de la concentration de rénine plasmatique (PRC) et l'augmentation de la réponse pressive et de la réactivité vasculaire à l'Ang II. La baisse de la PRC serait une adaptation à l'augmentation de la

pression artérielle. Le rein n'est donc pas ici le *primum movens*, mais s'adapte à l'augmentation de la pression artérielle.

2) une implication possible de l'endothéline-1, avec l'augmentation de la synthèse locale du ligand ET-1 et de son récepteur de type B (ET$_B$), et l'augmentation de la réponse pressive et de la réactivité vasculaire à l'ET-1.

3) une modification possible du couplage endothélium/cellules musculaires lisses (CML), via la régulation génique des protéines constitutives de l'appareil contractile du muscle lisse (entre autres, augmentation de l'expression ARNm de l'α-actine et diminution de l'expression des tropomyosines) et des canaux potassiques sensibles au calcium (discuté au paragraphe **VIII-2.3**).

VIII-2.3 Couplage aldostérone/Ang II/ET-1: implication possible de la signalisation médiée par le récepteur du facteur de croissance épidermique (EGFR).

L'implication des systèmes rénine-angiotensine (SRA) et endothéline pourrait faire intervenir la voie du récepteur du facteur de croissance épidermique (EGFR), comme voie candidate commune au couplage aldostérone/Ang II/ET-1. En effet, des études *ex vivo* montre qu'après stimulation par l'aldostérone, les cellules endothéliales ou musculaires lisses vasculaires (CMLv) entraînent une augmentation de l'expression de l'EGFR (Geckle et al, 2007). De plus, les rats surrénalectomisés, spontanément hypertendus ou encore recevant des minéralocorticoïdes et du sel (modèle DOCA/sel) présentent une expression accrue de l'EGFR (Northcott, et al, 2001; Krug, et al, 2003; Ying, et al, 2005). D'autre part, dans le modèle DOCA/sel, les effets vasoconstricteurs et hypertenseurs de l'EGF sont augmentés (Northcott, et al, 2001).

Pour vérifier cette hypothèse selon laquelle la voie EGFR pourrait être la voie intégrative des effets médiés par l'activation du RM dans l'endothélium, il serait intéressant d'examiner chez les souris qui surexpriment le RM dans l'endothélium: 1) si l'administration d'aldostérone, d'Ang II et/ou d'ET-1 induit l'activation de l'EGFR et de la cascade de signalisation dépendante de l'EGFR (voie des ERK, *extracellular signal-regulated kinase*); 2) l'effet d'un antagoniste de l'EGFR sur la réactivité vasculaire induite par l'Ang II et/ou l'ET1.

D'autre part, nous disposons au laboratoire d'un modèle

génétique de souris présentant une altération de la signalisation de l'EGFR. La souris waved-2 présente d'une mutation spontanée du gène de l'EGFR, qui réduit l'activité fonctionnelle de l'EGFR en-dessous de 10% (Luetteke et al, 1994). Sachant que l'inactivation totale du gène de l'EGFR est létale, les souris waved-2 survivent et peuvent être utilisées pour étudier le rôle de l'EGFR dans les effets cardiovasculaires de l'aldostérone. Ces souris seront traitées avec de l'aldostérone ou aldostérone/sel/uninéphrectomie (aldo/sel), puis l'analyse fonctionnelle consistera à évaluer les conséquences après les différents traitements sur la fonction vasculaire et cardiaque, la réponse myogénique aux agents vasoactifs et la réponse pressive à l'Ang II et à l'ET1. L'analyse moléculaire concernera l'étude de l'expression de gènes des canaux ioniques, de la matrice extracellulaire, du stress oxydant ou encore de la signalisation calcique.

VIII-2.4 Activation du RM dans l'endothélium et régulation des canaux ioniques.

Les résultats de l'analyse moléculaire de l'expression aortique des gènes des canaux potassiques sensibles au calcium (KCa) montrent, chez les souris DT par

305

rapport aux contrôles, des diminutions des taux de transcrits des canaux endothélium-spécifiques de petite (SK3) et moyenne (IK$_{Ca}$) conductance, et une augmentation des taux de transcrits de la sous-unité β1 des canaux de grande conductance (BK$_{Ca}$), CMLv-spécifiques. Notre hypothèse est que les canaux SK3 et IK$_{Ca}$ pourraient être des cibles primaires de l'aldostérone et que leur diminution conduirait à la vasoconstriction observée chez les souris DT. Cette diminution serait compensée par l'augmentation de BKβ1 au niveau de la CMLv. Ce déséquilibre entre vasoconstriction et vasodilatation pourrait être impliqué dans l'augmentation de la pression artérielle induite par l'activation du RM dans l'endothélium.

• *Dans un futur proche...*

Nous avons prévu de poursuivre l'étude de la réactivité vasculaire *ex vivo*, dans l'aorte (en parallèle de l'artère mésentérique), afin d'examiner la réponse à un vasoconstricteur (la phényléphrine) et/ou à un vasodilatateur (l'acétylcholine), en absence ou en présence des inhibiteurs de ces canaux K$_{Ca}$ (apamine, ibériotoxine). Les premiers résultats sont encore préliminaires et doivent être complétées pour confirmer ou infirmer l'hypothèse selon laquelle les canaux SK3 endothéliaux seraient une des cibles primaires de l'aldostérone, et expliquerait l'augmentation du tonus vasculaire et la pression artérielle.

• *Dans un futur moins proche…*

Une de nos hypothèses est que la signalisation calcique dans les CMLv est modifiée dans notre modèle conditionnel, ce qui pourrait expliquer l'hyper-réactivité vasculaire observée. Nous envisageons donc d'étudier la sensibilité de la CMLv aux concentrations de Ca2+ intracellulaires: 1) par la réalisation de courbes dose-réponse au calcium (après dépolarisation de la CMLv au KCl), 2) par l'étude des effets d'antagonistes pharmacologiques (TRAM-34, TRAM-39) des canaux calciques voltage-dépendants, tels que les TRP (*Transient Receptor Potential*), sur les réponses induites par les vasoconstricteurs, 3) par l'étude du rôle de la libération des stocks intracellulaires de Ca2+ par le réticulum sarcoplasmique, lors de ces réponses vasoconstrictrices (utilisation de la caféine).

L'expression dans l'aorte des transcrits de la pompe ATPase SERCA2a et du récepteur de la ryanodine (RyR), récepteurs impliqués dans la libération ou le recaptage du Ca2+ intracellulaire, n'est pas différente entre les souris DT et contrôles (données non montrées dans ce manuscrit), cependant il nous faut confirmer ces résultats par une analyse de leur expression protéique.

• *Dans un futur lointain…*

L'étude de notre modèle conditionnel, en situation pathologique, serait intéressante, afin d'accentuer les phénotypes observés, en conditions basales, et pourrait permettre d'élucider:

1) l'implication du SRA dans l'HTA: i) en induisant une augmentation de la rénine plasmatique secondaire à une ischémie rénale chronique. Pour cela, nous adapterons le modèle 2 reins - 1 clip de Goldblatt à la souris, modèle qui induit chez la souris une hypertension modérée, qui devrait être aggravée dans notre modèle, si la sensibilité au SRA est augmentée; ii) en étudiant la réponse pressive à une infusion d'Ang II (à l'aide de mini-pompes osmotiques délivrant une dose journalière d'Ang II), ou à l'administration d'un antagoniste du récepteur AT1R (losartan) qui pourrait au contraire exacerber la réponse hypotensive si l'augmentation de réponse aux vasoconstricteurs est un phénomène adaptatif pour compenser les phénomènes de vasodilatation.

2) l'implication de l'endothéline dans l'HTA par une

approche pharmacologique qui consistera à étudier l'effet d'un antagoniste mixte des récepteurs de ET$_A$ et ET$_B$ de l'ET-1 (bosentan) sur la PA qui pourrait aussi aggraver la réponse hypotensive.

Pour conclure, le schéma **VIII.3** récapitule les effets de la surexpression du RM dans l'endothélium.

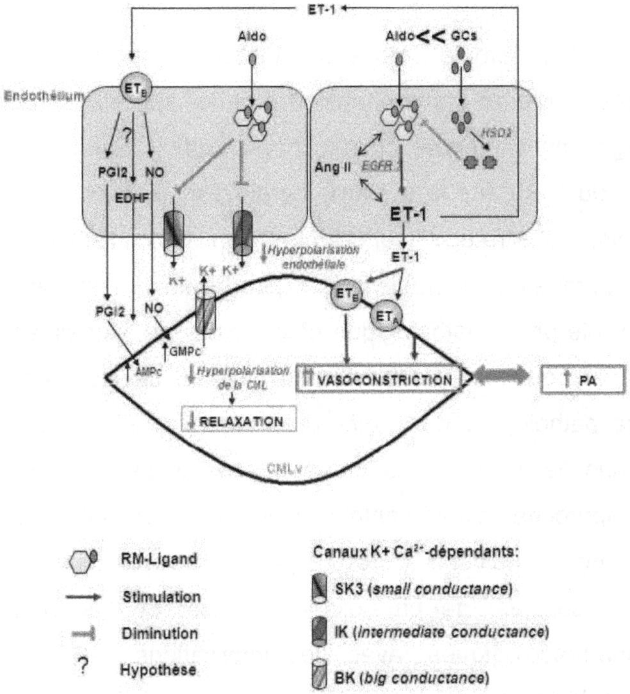

Figure VIII.3 Conséquences moléculaires de la surexpression du RM dans l'endothélium.

309

CHAPITRE IX – CONCLUSION GENERALE.

« Ne vous lassez pas d'examiner et de comprendre. Laissez derrière vous toutes vos idées, cocons vides et chrysalides desséchées. Lisez, écoutez, discutez, jugez, ne craignez pas d'ébranler des systèmes, marchez sur des ruines, restez enfants. »

Alain (1881-1951).

L'ensemble de ces travaux ont permis d'aboutir à une meilleure compréhension organe- spécifique, mais également intégrée du rôle physiopathologique du RM et du RG dans le système cardiovasculaire et dans le rein. La stratégie conditionnelle *in vivo* présente un avantage considérable pour répondre aux questions sur le rôle physiopathologique et les voies de signalisation par lesquelles l'aldostérone favorise le développement de pathologies dans différents organes, en particulier dans le système cardiovasculaire et dans le rein. L'approche expérimentale développée au laboratoire combine ainsi des approches cellulaires et moléculaires, de physiologie animale, et des études pharmacologiques, avec des implications potentielles chez l'Homme.

L'étude du modèle de surexpression du RG dans le canal collecteur rénal a montré pour la première fois *in vivo* que l'activation du RG pouvait avoir des effets sur le transport rénal de sodium, au niveau du canal collecteur, même en présence de l'enzyme HSD2, qui, en théorie, assure une sélectivité d'action de l'aldostérone/RM à ce niveau. Nos résultats posent de nouvelles questions importantes sur l'implication des glucocorticoïdes et du RG dans le maintien de l'homéostasie ionique. D'autre part, nos travaux démontrent clairement l'existence de mécanismes de compensation se produisant dans les segments tubulaires en amont du canal collecteur. Ce résultat n'aurait pas pu être trouvé sans la manipulation conditionnelle et inductible de l'expression du RG spécifiquement dans le canal collecteur.

L'étude du modèle de surexpression du RM dans l'endothélium a montré qu'au niveau de ce territoire extra-rénal, l'aldostérone/RM pouvait jouer un rôle physiopathologique primordial. En effet, l'activation du RM dans les cellules endothéliales, en absence de modification de concentration du ligand, est associée à une augmentation de la pression artérielle, indépendamment de changements de l'homéostasie ionique, et une altération de la fonction endothéliale. Le remodelage de l'expression de plusieurs canaux

311

ioniques pourrait expliquer le phénotype observé. Nos résultats montrent que la réponse de la cellule musculaire lisse est altérée, bien que la surexpression du RM soit restreinte à la cellule endothéliale, ce qui suggère une communication entre muscle lisse et endothélium modifiée. Nos travaux demandent d'être complétés par: i) l'analyse précise des mécanismes impliqués dans le fonctionnement de l'appareil contractile; ii) l'identification précise des acteurs moléculaires et des voies de signalisation impliqués dans le phénotype observé; iii) l'étude du modèle conditionnel en situation de stress, impliquant des manipulations métaboliques, pharmacologiques ou pathologiques.

La recherche de nouvelles cibles moléculaires du RM devrait nous aider à comprendre le mécanisme d'action de l'aldostérone dans ses différents organes cibles, et pourrait nous permettre de proposer et tester de nouvelles stratégies thérapeutiques, un enjeu important depuis ces dernières années où nous assistons à une augmentation de l'incidence des pathologies cardiovasculaires.

REFERENCES BIBLIOGRAPHIQUES.

A

Abriel H, Loffing J, et al, **1999**. "Defective regulation of the epithelial Na+ channel by Nedd4 in Liddle's syndrome." *J Clin Invest*, **103**: 667-73.

Alonso D and Radomski MW, **2003**. "The nitric oxide-endothelin-1 connection." *Heart Fail Rev*, **8**: 107-15.

Ambroisine ML, Favre J, et al, **2007**. "Aldosterone-induced coronary dysfunction in transgenic mice involves the calcium-activated potassium (BKCa) channels of vascular smooth muscle cells. " *Circulation*, **116**: 2435-43.

Arima S, Ito S, et al, **2004**. "Role of renal eicosanoids in the control of intraglomerular and systemic blood pressure during development of hypertension." *Contrib Nephrol*, **143**: 65-76.

Attali B, Latter H, et al, **1995**. "Corticosteroid-induced gene expressing an "IsK-like" K+ channel activity in Xenopus oocytes." *PNAS USA*, **92**: 6092-6.

Aurisicchio L, Bujard H, et al, **2001**. "Regulated and prolonged expression of mIFN(alpha) in immunocompetent mice mediated by a helper-dependent adenovirus vector." *Gene Ther*, **8**: 1817-25.

Ayroldi E, Migliorati G, et al, **2001**. "Modulation of T-cell activation by the glucocorticoid- induced leucine zipper factor via inhibition of nuclear factor kappa B." *Blood*, **98**: 743-53.

B

Barman SA, **2007**. "Vasoconstrictor effect of endothelin-1 on hypertensive pulmonary arterial smooth muscle involves Rho-kinase and protein kinase C." *Am J Physiol Lung Cell Mol Physiol*, **293**: L472-9.

Baron U, Freundlieb S, et al, **1995**. "Co-regulation of two gene activities by tetracycline via a bidirectional promoter." *Nucleic*

Acids Res, **23**: 3605-6.

Bauersachs J, Fleming I, et al, **2002**. "Prevention of endothelial dysfunction in heart failure by vitamin E: attenuation of vascular superoxide anion formation and increase in soluble guanylyl cyclase expression." *Cardiovasc Res*, **51**: 344-50.

Beato M, **1989**. "Gene regulation by steroid hormones." *Cell*, **56**: 335-44.

Beggah AT, Escoubet B, et al, **2002**. "Reversible cardiac fibrosis and heart failure induced by conditional expression of an antisense mRNA of the mineralocorticoid receptor in cardiomyocytes." *PNAS USA*, **99**: 7160-5.

Benetos A, Lacolley P and Safar ME, **1997**. "Prevention of aortic fibrosis by spironolactone in spontaneously hypertensive rats." *Arterioscler Thromb Vasc Biol*, **17**: 1152-6.

Berger S, Bleich M, et al, **1998**. "Mineralocorticoid receptor knockout mice:
pathophysiology of Na+ metabolism." *PNAS USA*, **95**: 9424-9.

Binkley SA, **1995**. Endocrinology. *Harper Collins College Publishers*, New York, 539 p. Blacher J, Amach G, et al, **1997**. "Association between increased plasma levels of aldosterone and decreased systemic arterial compliance in subjects with essential hypertension." *Am J Hypertens*, **10**: 1326-34.

Blanco-Rivero J, Cachofeiro V, et al, **2005**. "Participation of prostacyclin in endotelial dysfunction induced by aldosterone in normotensive and hypertensive rats." *Hypertension*, **46**: 107-12.

Bleich M, Warth R, et al, **1999**. "Rescue of the mineralocorticoid receptor knock-out mouse." *Pflügers Arch*, **438**: 245-54.

Blot-Chabaud M, Wanstok F, et al, **1990**. "Cell-sodium-induced recruitment of Na(+)- K(+)-ATPase pumps in rabbit cortical collecting tubules is aldosterone-dependent." *J Biol Chem*, **265**: 11676-81.

Blot-Chabaud M, Laplace M, et al, **1996**. "Characteristics of rat cortical collecting duct cell line that maintains high transepithelial resistance." *Kidney Int*, **50**: 367-76.

Bocchi B, Fagart J, et al, **2003**. "Glucocorticoid metabolism by 11-beta hydroxysteroid dehydrogenase type 2 modulates human mineralocorticoid receptor transactivation activity." *J Steroid Biochem Mol Biol*, **84**: 239-44.

Bogatcheva NV, Sergeeva MG, et al, **2005**. "Arachidonic acid cascade in endothelial pathobiology." *Microvasc Res*, **69**: 107-27.

Bohl D, Naffakh N and Heard JM, **1997**. "Long-term control of erythropoietin secretion by doxycycline in mice transplanted with engineered primary myoblasts." *Nature Med*, **3**: 299-305.

Bohl D and Heard JM, **1998**. "Transcriptional modulation of foreign gene expression in engineered somatic tissues." *Biol & Toxicology*, **14**: 83-94.

Boim MA, Ho K, et al, **1995**. "ROMK inwardly rectifying ATP-sensitive K+ channel. II. Cloning and distribution of alternative forms." *Am J Physiol*, **268**: F1132-40.

Bolton TB, **2006**. "Calcium events in smooth muscles and their interstitial cells; physiological roles of sparks." *J Physiol*, **570**: 5-11.

Bond CT, Maylie J and Adelman JP, **1999**. "Small-conductance calcium activated potassium channels." *Ann NY Acad Sci*, **868**: 370-8.

Bonnin P and Fressonnet R, **2005**. "Notions d'hémodynamique et techniques ultrasonores pour l'exploration des artères. " *J Radiol*, **86**: 615-27.

Bonvalet JP, Rossier BC and Farman N, **1995**. "[Distribution of amiloride-sensitive sodium channel in epithelial tissue]." *C R Seances Soc Biol Fil*, **189**: 169-77.

Bonvalet JP, **1998**. "Regulation of sodium transport by steroid hormones." *Kidney Int*, **Suppl 95**: S49-56.

Booth RE, Johnson JP and Stockand JD, **2002**. "Aldosterone." *Adv Physiol Educ*, **26**.

Bornkamm GW, Berens C, et al, **200**5. "Stringent doxycycline-dependent control of gene activities using an episomal one-vector system." *Nucleic Acids Res,* **33**: e137.

Boulanger CM, **1999**. "Secondary endothelial dysfunction: hypertension and heart failure." *J Mol Cell Cardiol*, **31**: 39-49.

Boulkroun S, Fay M, et al, **2002**. "Characterization of rat NDRG2 (N-Myc downstream regulated gene 2), a novel early mineralocorticoid-specific induced gene." *J Biol Chem*, **277**: 31506-15.

Brenner and Rector, **2004**. "The kidney." *Saunders*, 7th.

Brenner RG, Perez J, et al, **2000**. "Vasoregulation by the beta1 subunit of the calcium- activated potassium channel." *Nature*, **407**: 870-6.

Brickley DR, Mikosz CA, et al, **2002**. "Ubiquitin modification of serum and glucocorticoid-induced protein kinase-1 (SGK-1)." *J Biol Chem*, **277**: 43064-70.

Brilla CG, Maisch B, et al, **1995**. "Hormonal regulation of cardiac fibroblast function." *Eur Heart J*, **16 Suppl C**: 45-50.

C

Campbell DJ and Habener JF, **1986**. "Angiotensinogen gene is expressed and differentially regulated in multiple tissues of the rat." *J Clin Invest*, **78**: 31-9.

Campbell DJ, **1987**. "Circulating and tissue angiotensin systems." *J Clin Invest*, **79**: 1-6.

Campbell WB and Falck JR, **2007**. "Arachidonic acid metabolites as endothelium-derived hyperpolarizing factors." *Hypertension*, **49**: 590-6.

Canessa CM, Schild L, et al, **1994**. "Amiloride-sensitive epithelial

Na+ channel is made of three homologous subunits." *Nature*, **367**: 463-7.

Caron KM, Soo SC, et al, **1997**. "Targeted disruption of the mouse gene encoding steroidogenic acute regulatory protein provides insights into congenital lipoid adrenal hyperplasia." *PNAS USA*, **94**: 11540-5.

Cato ABC and Wade E, **1996**. "Molecular mechanisms of anti-inflammatory action of glucocorticoids." *BioEssays*, **18**: 371-8.

Chadwick CC, Saito A and Fleischer S, **1990**. "Isolation and characterization of the inositol triphosphate receptor from smooth muscle." *PNAS USA*, **87**: 2132-6.

Chander PN, Rocha R, et al, **2003**. "Aldosterone plays a pivotal role in the pathogenesis thrombotic microangiopathy in SHRSP." *J Am Soc Nephrol*, **14**: 1990-7.

Chang SS, Grunder S, et al, **1996**. "Mutations in subunits of the epithelial sodium channel cause salt wasting with hyperkalaemic acidosis pseudohypoaldosteronism type 1." *Nat Genet*, **12**: 248-53.

Chaytor AT, Evans WH and Griffith TM, **1998**. "Central role of heterocellular gap junctional communication in endothelium-dependent relaxations of rabbit arteries." *J Physiol*, **508**: 561-73.

Christy C, Hadoke PW, et al, **2003**. "11beta-hydroxysteroid dehydrogenase type 2 in mouse aorta: localization and influence on response to glucocorticoids." *Hypertension*, **42**: 580-7.

Clarke TD, Ashburn AD and Willias WL, **1968**. "Cortisone-induced hypertension and cardiovascular lesions in mice." *Am J Anat*, **123**: 429-40.

Clore J, Schoolwertgh, et al, **1992**. "When is cortisol a mineralocorticoid ?" *Kidney Int*, **42**: 1297-308.

Couette B, Fagart J, et al, **1996**. "Ligand-induced conformational change in the human mineralocorticoid receptor occurs within its hetero-oligomeric structure." *Biochem J*, **315**: 421-7.

Crane GJ, Gallagher N, et al, <u>**2003**</u>. "Small- and intermediate-conductance calcium- activated K+ channels provide different facets of endothelium-dependent hyperpolarization in rat mesenteric artery. " *J Physiol*, **553**: 183-9.

D

D'Adamio F, Zollo O, et al, <u>**1997**</u>. "A new dexamethasone-induced gene of the leucine zipper family protects T lymphocytes from TCR/CD3-activated cell death." *Immunity*, **7**: 803-12.

Danser AH, <u>**2003**</u>. "Local renin-angiotensin systems: the unanswered questions." *Int J Biochem Cell Biol*, **35**: 759-68.

Debonneville C, Flores SY, et al, <u>**2001**</u>. "Phosphorylation of Nedd4.2 by Sgk1 regulates epithelial Na+ channel cell surface expression." *Embo J*, **20**: 7052-9.

De Franco DB, Madan AP, et al, <u>**1995**</u>. "Nucleocytoplasmic shuttling of steroid receptors." *Vitamins and Hormones – Advances in Research and Applications. G. Litwack. Suite 1900, Academic Press Inc*, **51**: 315-38.

Deppe CJ, Heering PJ, et al, <u>**2002**</u>. "Cyclosporine A and FK506 inhibit transcriptional activity of the human mineralocorticoid receptor: a cell-based model to investigate partial aldosterone resistance in kidney transplantation." *Endocrinology*, **143**: 1932-41.

Dhaliwal JS, Casey DB, et al, <u>**2007**</u>. "Rho kinase and Ca2+ entry mediate increased pulmonary and systemic vascular resistance in L-NAME-treated rats." *Am J Physiol Lung Cell Mol Physiol*, **293**: L1306-13.

Dhein S, <u>**2004**</u>. "Pharmacology of gap junctions in the cardiovascular system." *Cardiovasc Res*, **62**: 287-98.

Djelidi S, Fay M, et al, <u>**1997**</u>. "Transcriptional regulation of sodium transport by vasopressin in renal cells." *J Biol Chem*, **272**: 32919-24.

Djelidi S, Beggah AT, et al, **2001**. "Basolateral translocation by vasopressin of the aldosterone-induced pool of latent Na-K-ATPases is accompanied by alpha1 subunit dephosphorylation: study in a new aldosterone-sensitive rat cortical collecting duct cell line." *J Am Soc Nephrol*, **12**: 1805-18.

D'Orléans-Juste P, Labonte J, et al, **2002**. "Function of the endothelin(B) receptor in cardiovascular physiology and pathophysiology. " *Pharmacol Ther*, **95**: 221-38.

D'Orléans-Juste P, Plante M, et al, **2003**. "Synthesis and degradation of endothelin-1." *Can J Physiol Pharmacol*, **81**: 503-10.

Draper N and Stewart PM, **2005**. "11 beta-hydroxysteroid dehydrogenase and the pre- receptor regulation of corticosteroid hormone action." *J Endocrinol*, **186**: 251-71.

Duprez D, de Bruyzere M, et al, **2000**. "Aldosterone and vascular damage." *Curr Hypertension Reports*, **2**: 327-34.

Dzau VJ, **2001**. "Theodore Cooper Lecture: Tissue angiotensin and pathobiology of vascular disease: a unifying hypothesis." *Hypertension*, **37**: 1047-52.

E

Edwards G, Dora KA, et al, **1998**. "K+ is an endothelium-derived hyperpolarizing factor in rat arteries." *Nature*, **396**: 269-72.

Egan K and Fitzgerald GA, **2006**. "Eicosanoids and the vascular endothelium." *Handb Exp Pharmacol*, **176 Pt 1**: 189-211.

Elijovich F and Krakoff LR, **1980**. "Effect of converting enzyme inhibition on glucocorticoid hypertension in the rat." *Am J Physiol*, **238**: H844-8.

Endemann DH and Schiffrin EL, **2004**. "Endothelial dysfunction." *J Am Soc Nephrol*, **15**: 1983-92.

Endicott JA and Ling V, **1989**. "The biochemistry of P-glycoprotein-mediated multidrug resistance." *Annu Rev Biochem*, **58**: 137-71.

Escoubet B, Coureau C, et al, **1997**. "Noncoordinate regulation of epithelial Na channel and Na pump subunit mRNAs in kidney and colon by aldosterone." *Am J Physiol*, **272**: C1482-91.

Essig M and Vrtovsnik F, **2008**. "How to evaluate body composition in chronic kidney disease." *Nephrologie et Thérapeutique* [Article in French].

F

Fakhouri F, Placier S, et al, **2001**. "Angiotensin II activates collagen type I gene in the renal cortex and aorta of transgenic mice through interaction with endothelin and TGF- beta." *J Am Soc Nephrol*, **12**: 2701-10.

Farman N, Vandewalle A and Bonvalet JP, **1983**. "Autoradiographic determination of dexamethasone binding sites along the rabbit nephron." *Am J Physiol*, **244:** F325-34.

Farman N, Coutry N, et al, **1992**. "Adrenalectomy reduces alpha 1 and not beta 1 Na(+)- K(+)-ATPase mRNA expression in rat distal nephron." *Am J Physiol*, **263**: C810-7.

Farman N, **1999**. "Molecular and cellular determinants of mineralocorticoid selectivity." *Curr Opin Nephrol Hypertension*, **8**: 45-51.

Farquharson CA and Struthers AD, **2000**. "Spironolactone increases nitric oxide bioactivity, improves endothelial vasodilator dysfunction, and suppresses vascular angiotensin I/angiotensin II conversion in patients with chronic heart failure." *Circulation*, **101**: 594-7.

Fejes-Toth G and Naray-Fejes-Toth, **1987**. "Differenciated transport functions in primary cultures of rabbit collecting ducts." *Am J Physiol*, **253**: F1302-7.

Feletou M and Vanhoutte PM, **2006**. "Endothelial dysfunction: a multifaceted disorder." *Am J Physiol Heart Circ Physiol*, **291**: H985-1002.

Feng J, Ito M, et al, **1999**. "Inhibitory phosphorylation site for Rho-associated kinase on smooth muscle myosin phosphatase." *J Biol Chem*, **274**: 37385-90.

Firsov D, Gautschi I, et al, **1998**. "The heterotetrameric architecture of the epithelial sodium channel (ENaC)." *Embo J*, **17**: 344-52.

Firsov D, Robert-Nicoud, et al, **1999**. "Mutational analysis of cysteine-rich domains of the epithelium sodium channel (ENaC). Identification of cysteines essential for channel expression at the cell surface." *J Biol Chem*, **274**: 2743-9.

Fulton D, McGiff JC and Quilley J, **1994**. "Role of K+ channels in the vasodilator response to bradykinin in the rat heart." *Br J Pharmacol*, **113**: 954-8.

Funder JW, Feldman D and Edelman IS, **1973**. "The roles of plasma binding and receptor specificity in the mineralocorticoid action of aldosterone." *Endocrinology*, **92**: 994-1004.

Funder JW, Pearce PT, et al, **1988**. "Mineralocorticoid action: target tissue specificity is enzyme, not receptor, mediated." *Science*, **242**: 583-5.

Funder JW, **1989**. "Vascular type I aldosterone binding sites are physiological mineralocorticoid receptors." *Endocrinology*, **125**: 2224-6.

Funder JW, **2004**. "Aldosterone, mineralocorticoid receptors and vascular inflammation."
Mol Cell Endocrinol, **217**: 263-9.

Funder JW, **2006**. "Minireview: Aldosterone and the cardiovascular system: genomic and nongenomic effects." *Endocrinology*, **147**: 5564-7.

Furchgott RF and Zawadzki JV, **1980**. "The obligatory role of endothelial cells in the relaxation of arterial smooth muscle by acetylcholine." *Nature*, **288**: 373-6.

Furth PA, St Onge L, et al, **1994**. "Temporal control of gene expression in transgenic mice by a tetracycline-responsive promoter." *PNAS USA*, **91**: 9302-6.

G

Gaeggeler HP, Gonzalez-Rodriguez E, et al, **2005**. "Mineralocorticoid *versus* glucocorticoid receptor occupancy mediating aldosterone-stimulated sodium transport in a novel renal cell line." *J Am Soc Nephrol*, **16**: 878-91.

Galvez A, Gimenez-Gallego, et al, **1990**. "Purification and characterization of a unique, potent, peptidyl probe for the high conductance calcium-activated potassium channel from venom of the scorpion Buthus tamulus." *J Biol Chem*, **265**: 11083-90.

Ganten D, Ganten U, et al, **1974**. "Influence of sodium, potassium, and pituitary hormones on iso-renin in rat adrenal glands." *Am J Physiol*, **227**: 224-9.

Garnier A, Bendall JK, et al, **2004**. "Cardiac specific increase in aldosterone production induces coronary dysfunction in aldosterone synthase-transgenic mice." *Circulation*, **110**: 1819-25.

Ghatta S, Nimmagadda D, et al, **2006**. "Large-conductance, calcium-activated potassium channels: structural and functional implications." *Pharmacol Ther*, **110**: 103-6.

Ghisdal P and Morel N, **2001**. "Cellular target of voltage and calcium-dependent K(+) channel blockers involved in EDHF-mediated responses in rat superior mesenteric artery. " *Br J Pharmacol*, **134**: 1021-8

Gibson GG, Plant NJ, et al, **2002**. "Receptor-dependent transcriptional activation of cytochrome P4503A genes: induction mechanisms, species differences and interindividual variation in man." *Xenobiotica*, **32**: 165-206.

Giebisch G, **1998**. "Renal potassium transport: mechanisms and regulation." *Am J Physiol*, **274**: F817-33.

Gomez-Sanchez CE, Zhou MY, et al, **1997**. "Aldosterone biosynthesis in the rat brain." *Endocrinology*, **138**: 3369-73.

Goodfriend T, **2003**. "Angiotensins: actions and receptors." *American Heart Association*.

Gordon JW and Ruddle FH, **1981**. "Integration and stable germ lime transmission of genes injected into mouse pronuclei." *Science*, **214**: 1244-6.

Gory S, Vernet M, et al, **1999**. "The Vascular Endothelial-Cadherin promoter directs endothelial-specific expression in transgenic mice." *Blood*, **93**: 184-92.

Gossen M and Bujard H, **1992**. "Tight control of gene expression in mammalian cells by tetracycline-responsive promoters." *PNAS USA*, **89**: 5547-51.

Gossen M, Freundlieb S, et al, **1995**. "Transcriptional activation by tetracyclines in mammalian cells." *Science*, **268**: 1766-9.

Grantham JJ and Wallace DP, **2002**. "Return of the secretory kidney." *Am J Physiol Renal Physiol*, **282**: F1-9.

Greenspan FS and Strewler GL, **1997**. Basic & Clinical Endocnrnology. 5ème éd.,
Appleton & Lange. Stamford. Connecticut, 823 p.

Griendling KK and Fitzgerald GA, **2003**. "Oxidative stress and cardiovascular injury. Part 1. Basic mechanisms and in vivo monitoring of ROS." *Circulation*, **108**: 1912-6.

Griendling KK and Fitzgerald GA, **2003**. "Oxidative stress and cardiovascular injury. Part 2. Animal and human studies." *Circulation*, **108**: 2034-40.

Grier DG and Halliday HL, **2004**. "Effects of glucocorticoids on fetal and neonatal lung development." *Treat Respir Med*, **3**: 295-

306.

Grunder S, Jaeger NF, et al, **1999**. "Identification of a highly conserved sequence at the N-terminus of the epithelial Na+ channel alpha subunit involved in gating." *Pflugers Arch*, **438**: 709-15.

Grunfeld JP and Eloy L, **1987**. "Glucocorticoids modulate vascular reactivity in the rat." *Hypertension*, **10**: 608-18.

Guyton AC, **1991**. "Blood Pressure Control. Special role of the kidneys and body fluid." *Science*, **252**: 1813-6.

H

Hadoke PW, Christy C, et al, **2001**. "Endothelial cell dysfunction in mice after transgenic knockout of type 2, but not type 1, 1b-hydroxysteroid dehydrogenase." *Circulation*, **104**: 2832-7.

Halcox J and Quyyumi A, **2003**. "Endothelial function and cardiovascular disease." *American Heart Association*.

Halpern W and Kelley M, **1991**. "In vitro methodology for resistance arteries." *Blood Vessels*, **28**: 245-51.

Haning R, Tait JF, et al, **1971**. "Stimulation of the conversion of corticosterone to aldosterone by rat adrenal glomerulosa cells and tissues." *Proc Soc Endocrinol J Endocrinol*, **49**: xii-xiv.

Hansson JH, Nelson-Williams C, et al, **1995**. "Hypertension caused by a truncated epithelial sodium channel gamma subunit: genetic heterogeneity of Liddle syndrome." *Nat Genet*, **11**: 76-82.

Hareda E, Yoshimura M, et al, **2001**. "Aldosterone induces angiotensin-converting-enzyme gene expression in cultured neonatal rat cardiocytes." *Circulation*, **104**: 137-9.

Hatakeyama H, Miyamori I, et al, **1994**. "Vascular aldosterone. Biosynthesis and a link to angiotensin II-induced hypertrophy of vascular smooth muscle cells." *J Biol Chem*, **269**: 24316-20.

Haynes WG and Webb DJ, **1998**. "Endothelin as a regulator of cardiovascular function in health and disease." *J Hypertens*, **16**: 1081-98.

Hebert SC, **1995**. "An ATP-regulated, inwardly rectifying potassium channel from rat kidney (ROMK)." *Kidney Int*, **48**: 1010-6.

Hebert SC, Desir G, et al, **2005**. "Molecular diversity and regulation of renal potassium channels." *Physiol Rev*, **85**: 319-71.

Ho K, Nichols CG, et al, **1993**. "Cloning and expression of an inwardly transcriptional coactivator in yeast for the hormone binding domains of steroid receptors." *PNAS USA*, **93**: 4948-52.

Horisberger JD, Lemas V, et al, **1991**. "Structure-function relationship of Na-K-ATPase." *Annu Rev Physiol*, **53**: 565-84.

Horisberger JD and Rossier BC, **1992**. "Aldosterone regulation of gene transcription leading to control of ion transport." *Hypertension*, **19**: 221-7.

Horowitz A, Menice CB, et al, **1996**. "Mechanisms of smooth muscle contraction." *Physiol Rev*, **76**: 967-1003.

Houdebine LM, **1997**. "Transgenic Animals. Generation and Use." *Amsterdam: Harwood Academic Publishers*, 559-62.

Houdebine LM, **1998**. "Les animaux transgéniques (1ère édition). " *Tec&Doc Lavoisier.*

Hsu YH, Chen JJ, et al, **2004**. "Role of reactive oxygen species-sensitive extracellular sinal-regulated kinase pathway in angiotensin II-induced endothelin-1 gene expression in vascular endothelial cells." *J Vasc Res*, **41**: 64-74.

Huang CL and Kuo E, **2007**. "Mechanisms of disease: WNK-ing at the mechanism of salt-sensitive hypertension." *Nature Clin Pract Nephrol*, **3**: 623-30.

Huang PL, Huang Z, et al, **1995**. "Hypertension in mice lacking the gene for endothelial nitric oxide synthase." *Nature*, **377**: 239-42.

Hubert C, Gasc JM, et al, **1999**. "Effects of mineralocorticoid receptor gene disruption on the components of the renin-angiotensin system in 8-day-old mice." *Mol Endocrinol*, **13**: 297-306.

Hughey RP, Mueller GM, et al, **2003**. "Maturation of epithelial Na+ channel involves proteolytic processing of the alpha- and gamma-subunits." *J Biol Chem*, **278**: 37073-82.

Husted RF, Laplace JR and Stokes JB, **1990** "Enhancement of electrogenic Na+ transport across rat inner medullary collecting duct by glucocorticoid and by mineralocorticoid hormones." *J Clin Invest*, **86**: 498-506.

I

Igarashi P, Shashikant CS, et al, **1999**. "Ksp-cadherin gene promoter. II-Kidney-specific activity in transgenic mice." *Am J Physiol*, **277**: F599-610.

Iglarz M, Touyz RM, et al, **2004**. "Involvement of oxidative stress in the profibrotic action of aldosterone. Interaction wtih the renin-angiotension system." *Am J Hypertens*, **17**:597-603.

Ikebe M, Hartshorne DJ and Elzinga M, **1987**. "Phosphorylation of the 20,000-dalton light chain of smooth muscle myosin by the calcium-activated, phospholipids-dependent protein kinase: phosphorylation sites and effects of phosphorylation." *J Biol Chem*, **262**: 9569-73.

Itoh T, Kajiwara M, et al, **1982**. "Roles of stored calcium on the mechanical response evoked in smooth muscle cells of the porcine coronary artery." *J Physiol*, **322**: 107-23.

Izawa R, Jaber M, et al, **2006**. "Gene expression regulation following behavioural sensitization to cocaine in transgenic mice lacking the glucocorticoid receptor in the brain." *Neuroscience*, **137**: 915-24.

Izzo JL Jr and Taylor AA, **1999**. "The sympathetic nervous system and baroreflexes in hypertension and hypotension." *Curr Hypertens Rep*, **1**: 254-63.

J

Jensen BS, Strobaek D, et al, **2001**. "The Ca2+ activated K+ channel of intermediate conductance: a molecular target for novel treatments ?" *Curr Drug Targets*, **2**: 401-22.

Jiang Z, Wallner M, et al, **1999**. "Human and rodent MaxiK channel beta-subunit genes: cloning and characterization." *Genomics*, **55**: 57-67.

K

Kahle KT, Wilson FH, et al, **2003**. "WNK4 regulates the balance between renal NaCl reabsorption and K+ secretion." *Nat Genet*, **35**: 372-6.

Kalbak K, **1972**. "Incidence of arteriosclerosis in patients with rheumatoid arthritis receiving long-term corticosteroid therapy." *Ann Rheum Dis*, **31**: 196-200.

Kayes-Wandover KM and White PC, **2000**. "Steroidogenic enzyme gene expression in human heart." *J Clin Endocrinol Metab*, **85**: 2519-25.

Kellendonk C, Gass P, et al. **2002**. "Corticosteroid receptors in the brain: gene targeting studies." *Brain Res Bull*, **57**: 73-83.

Kim S and Iwao H, **2000**. "Molecular and cellular mechanisms of angiotensin II-mediated cardiovascular and renal diseases." *Pharmacol* Rev, **52**: 11-34.

Kimura K, Ito M, et al, **1996.** "Regulation of myosin phosphatase by Rho and Rho- associated kinase (Rho-kinase)." *Science*, **273**: 245-8.

Kistner A, Gossen M, et al, **1996**. "Doxycycline-mediated quantitative and tissue-specific control of gene expresión in transgenic mice." *PNAS USA*, **93**: 10933-8.

Konstas AA, Koch JP, et al, **2002**. "Amiloride-sensitive epithelial Na+ channel is made of three homologous subunits." *J Biol Chem*, **277**: 25377-84.

Koponen JK, Kankhonen J, et al, **2003**. "Doxycycline-regulated lentiviral vector system with a novel reverse transactivator rtTA2S-M2 shows a tight control of gene expression in vitro and in vivo." *Gene Ther*, **10**: 459-66.

Kotelevtsev Y, Brown R, et al, **1999**. "Hypertension in mice lacking 11 beta- hydroxysteroid dehydrogenase type 2." *J Clin Invest*, **103**: 683-9.

Krug AW, Grossmann C, et al, **2003**. "Aldosterone stimulates epidermal growth factor receptor expression." *J Biol Chem*, **278**: 43060-6.

Kurowski TT, Chatterton RJ, et al, **1984**. "Glucocorticoid-induced cardiac hypertrophy: additive effects of exercise." *J Appl Physiol: Respir Environm & Exercise Physiol*, **57**: 514-9.

Kuster GM, Kotlyar E, et al, **2005**. "Mineralocorticoid receptor inhibition ameliorates the transition to myocardial failure and decreases oxidative stress and inflammation in mice with chronic pressure overload." *Circulation*, **111**: 420-7.

L

Lacolley P, Labat C, et al, **2002**. "Increased carotid wall elastic modulus and fibronectin in aldosterone-salt-treated rats: effects of eplerenone." *Circulation*, **106**: 2848-53.

Lal A, Veinot JP and Leenen FH, **2004**. "Critical role of CNS effects of aldosterone in cardiac remodelling post-myocardial infarction in rats." *Cardiovasc Res*, **64**: 437-47.

Lamartina S, Roscilli G, et al, **2002**. "Stringent control of gene expression in vivo by using novel doxycycline-dependent trans-activators." *Hum Gene Ther*, **13**: 199-210.

Lamartina S, Silvi L, et al, **2003**. "Construction of an rtTA2(s)-m2/tts(kid)-based transcription regulatory switch that displays no basal activity, good inducibility, and high responsiveness to doxycycline in mice and non-human primates. *Mol Ther*, **7**: 271-80.

Laplace JR, Husted RF and Stokes JB, **1992**. "Cellular responses to steroids in the enhancement of Na+ transport by rat collecting duct cells in culture." *J Clin Invest*, **90**: 1370-8.

Lavoie JL and Sigmund CD, **2003**. "Minireview: overview of the renin-angiotensin system--an endocrine and paracrine system." *Endocrinology*, **144**: 2179-83.

Lazrak A, Liu Z and Huang CL, **2006**. "Antagonistic regulation of ROMK by long and kidney-specific WNK1 isoforms." *PNAS USA*, **103**: 1615-20.

Le Menuet D, Viengchareun S, et al, **2000**. "Targeted oncogenesis reveals a distinct tissue-specific utilization of alternative promoters of the human mineralocorticoid receptor gene in transgenic mice." *J Biol Chem*, **275**: 7878-86.

Le Menuet D, Isnard R, et al, **2001**. "Alteration of cardiac and renal functions in transgenic mice overexpressing human mineralocorticoid receptor." *J Biol Chem*, **276**: 38911-20.

Leopold JA, Dam A, et al, **2007**. "Aldosterone impairs vascular reactivity by decreasing glucose-6-phosphate dehydrogenase activity." *Nature Med*, **13**:189-97.

Liao Y and Husain A, **1995**. "The chymase-angiotensin system in humans: biochemistry, molecular biology and potential role in cardiovascular diseases." *Can J Cardiol*, **11 Suppl F**:13-9.

Lingrel JB et Kuntzweiler Y, **1994**. "Na+, K(+)-ATPase." *J Biol Chem*, **269**: 19659-62.

Lingueglia E, Renard S, et al, **1993**. "Molecular cloning and functional expression of different molecular forms of rat amiloride-binding proteins." *Eur J Biochem*, **216**: 679-87.

Lombes M, Farman N, et al, **1990**. "Immunohistochemical

localization of renal mineralocorticoid receptor by using an anti-idiotypic antibody that is an internal image of aldosterone." *PNAS USA*, **87**: 1086-8.

Lombes M, Oblin ME, et al, **1992**. "Immunohistochemical and biochemical evidence for a cardiovascular mineralocorticoid receptor." *Circ Res*, **71**: 503-10.

Lombes M, Kenouch S, et al, **1994**. "The mineralocorticoid receptor discriminates aldosterone from glucocorticoids independently of the 11beta-hydroxysteroid dehydrogenase." *Endocrinology*, **135**: 834-40.

Loirand G, Rolli-Derkinderen M and Pacaud P, **2005**. "RhoA and resistance artery remodeling." *Am J Physiol Heart Circ Physiol*, **288**: H1051-6.

Luetteke NC, Phillips HK, et al, **1994**. "The mouse waved-2 phenotype results from a point mutation in the EGF receptor tyrosine kinase." *Genes Dev*, **8**: 399-413.

Luisi BF, Schwabe JWR, et al, **1994**. "The steroid/nuclear receptors: from three- dimensional structure to complex function." *Vitamins and Hormones*, **49**: 1-47.

M

Marieb EN, **1993**. Anatomie et physiologie humaines. 2ème éd., Éditions du *Renouveau Pédagogique Inc*. Ville St-Laurent, 1014 p.

Marston S, Burton D, et al, **1998**. "Structural interactions between actin, tropomyosin, caldesmon and calcium binding protein and the regulation of smooth muscle thin filaments." *Acta Physiol Scand*, **164**: 401-14.

Marumo T, Uchimura H, et al, **2006**. "Aldosterone impairs bone marrow-derived progenitor cell formation." *Hypertension*, **48**: 490-6.

Mason HL and Mattox VR, **1956**. "Chromatographic fraction of beef adrenal extract. Isolation of aldosterone." *J Biol Chem*, **223**:

215-25.

Matoba T, Shimokawa H, et al, **2000**. "Hydrogen peroxide is an endothelium-derived hyperpolarizing factor in mice." *J Clin Invest*, **106**: 1521-30.

Mazzuca M and Lesage F, **2007**. "[Potassium channels, genetic and acquired diseases]." *Rev Med Interne*, **28**: 576-9.

Mc Donald JE, Kennedy N and Struthers AD, **2004**. "Effects of spironolactone on endothelial function, vascular angiotensin converting enzyme activity, and other prognostic markers in patients with mild heart failure already taking optimal treatment." *Heart*, **90**: 765-70.

Mc Ewens BS, De Kloet ER and Rostene W, **1986**. "Adrenal steroid receptors and actions in the nervous system." *Physiol Rev*, **66**: 1121-88.

Mc Ewen BS, Lambdin LT, et al, **1986**. "Aldosterone effects on salt appetite in adrenalectomized rats." *Neuroendocrinology*, **43**: 38-43.

Mc Goldrick RB, Kingsbury M, et al, **2007**. "Left ventricular hypertrophy induced by aortic banding impairs relaxation of isolated coronary arteries." *Clin Sci (Lond.)*, **113**: 473-8.

Mc Guire JJ, Ding H, et al, **2001**. "Endothélium-derived relaxing factors: a focus on endothelium-derived hyperpolarizing factor." *Can J Physiol Pharmacol*, **79**: 443-70.

Mc Intyre M, Bohr DF, et al, **1999**. "Endothelial function in hypertension: the role of superoxide anion." *Hypertension*, **34**: 539-45.

Mc Lennan DH, Brandl CH, et al, **1985**. "Amino acid sequence of a Ca^{2+}-Mg^{2+}- dependent ATPase from rabbit muscle sarcoplasmic reticulum, deduced from its complementary DNA sequence." *Nature*, **316**: 696-700.

Mellon SH and Deschepper CF, **1993**. "Neurosteroid biosynthesis: genes for adrenal steroidogenic enzymes are expressed in the brain." *Brain Res*, **629**: 283-92.

Menard J and Catt J, **1972**. "Measurement of rennin activity, concentration and substrate in rat plasma by radioimmunoassay of angiotensin I." *Endocrinology*, **90**: 422-30.

Meredith AL, Thornoloe KS, et al, **2004**. "Overactive bladder and incontinence in the absence of the BK large conductance Ca2+-activated K+ channel." *J Biol Chem*, **279**: 36746-52.

Michea L, Delpiano AM, et al, **2005**. "Eplerenone blocks nongenomic effects of aldosterone on the Na+/H+ exchanger, intracellular Ca2+ levels, and vasoconstriction in mesenteric resistance vessels." *Endocrinology*, **146**: 973-80.

Michel JB, **1996**. "Monoxyde d'azote et homeostasie cardiovasculaire." Firenze (Italie), *Menarini International*.

Michelakis ED, Reeve HL, et al, **1997**. "Potassium channel diversity in vascular smooth muscle cells. " *Can J Physiol Pharmacol*, **75**: 889-97.

Mihailidou AS and Funder JW, **2005**. "Nongenomic effects of mineralocorticoid receptor activation in the cardiovascular system." *Steroids*, **70**: 347-51.

Miquerol L, Cluzeaud F, et al, **1996**. "Tissue specificity of L-pyruvate kinase transgenes results from the combinatorial effects of proximal promoter and distal activator regions." *Gene Expr*, **5**: 315-30.

Mishra RC, Tripathy S, et al, **2008**. "Nitric oxide synthase inhibition promotes endothelium-dependent vasodilatation and the antihypertensive effect of L-serine." *Hypertension*, **51**: 791-6.

Morell JM, **1999**. "Techniques of embryo transfer and facility decontamination used to improve the health and welfare of transgenic mice." *Laboratory Animals*, **33**: 201-6.

Morris DJ, Latif S, et al, **1998**. "A second enzyme protecting mineralocorticoid receptors from glucocorticoid occupancy." *Am J Physiol*, **274**: C1245-52.

Morozov A, Kellendonk C, et al, **2003**. "Using conditional mutagenesis to study the brain." *Biol Psychiatry*, **54**: 1125-33.

Mulvany MJ and Halpern W, 1**977**. "Contractile properties of small arteries resistance vessels in spontaneously hypertensive and normotensive rats." *Circ Research*, **41**: 19-26.

Mune T, Rogerson FM, et al, **1995**. "Human hypertension caused by mutations in the kidney isozyme of 11b-hydroxysteroid dehydrogenase." *Nat Genet*, **10**: 394-9.

N

Nagata D, Takahashi M, et al, **2006**. "Molecular mechanism of the inhibitory effect of aldosterone on endothelial NO synthase activity." *Hypertension*, **48**: 165-71.

Naray-Fejes-Toth A, Canessa C, et al, **1999**. "Sgk is an aldosterone-induced kinase in the renal collecting duct. Effects on epithelial Na+ channels." *J Biol Chem*, **274**: 16973-8.

Nehme JA, Mercier N, et al, **2006**. "Differences between cardiac and arterial fibrosis and stiffness in aldosterone-salt rats: effect of eplerenone." *J Renin Angiotensin Aldosterone Syst*, **7**: 31-9.

Nehme JA, Lacolley P, et al, **2005**. "Spironolactone improves carotid artery fibrosis and distensibility in rat post-ischaemic heart failure." *J Mol Cell Cardiol*, **39**: 511-9.

RP, Stricklett P, et al, **1998**. "Expression of an AQP2 Cre recombinase transgene in kidney and male reproductive system of transgenic mice." *Am J Physiol*, **275**: C216-26.

Nicholls MG, Robertson JI, et al, **2000**. "The renin-angiotensin system in the year 2000." *J Hum Hypertens*, **14**: 649-66.

Nicoletti A, Heudes D, et al, **1996**. "Inflammatory cells and myocardial fibrosis: spatial and temporal distribution in renovascular hypertensive rats." *Cardiovasc Res*, **32**: 1096-107.

Nilius B and Droogmans G, **2001**. "Ion channels and their

functional role in vascular endothelium." *Physiol Rev*, **81**: 1415-59.

Northcott C, Florian JA, et al, **2001**. "Arterial epidermal growth factor receptor expression in deoxycortcosterone acetate-salt hypertension." *Hypertension*, **38**: 1337-41.

Nouet S, Nahmias C, **2000**. "Signal transduction from the angiotensin II AT2 receptor." *Trends Endocrinol Metab*, **11**: 1-6.

O

Oelze M, Warnholtz A, et al, **2006**. "NADPH oxidase accounts for enhanced superoxide production and impaired endothelium-dependent smooth muscle relaxation in Bkbeta1 -/- mice." *Arterioscler Thromb Vasc Biol*, **26**: 1753-9.

Okuno T, Susukt H and Saruta T, **1981**. "Dexamethasone hypertension in rats." *Clin Exp Hypertension*, **3**: 1075-86.

Olesen SP, Munch E, et al, **1994**. "Selective activation of Ca(2+)-dependent K+
channels by novel benzimidazolone." *Eur J Pharmacol*, **251**: 53-9.

Onoue H, Tsutsui M, et al, **1999**. "Adventitial expression of recombinant endothelial nitric oxide synthase gene reverses vasoconstrictor effect of endothelin 1." *J Cereb Blood Flow Metab*, **19**: 1029-37.

Orio P, Rojas P, et al, **2002**. "New disguises for an old channel: maxi K channel beta- subunits." *News Physiol Sci*, **17**: 156-61.

Ouvrard-Pascaud A, Puttini S, et al, **2004**. "Conditional gene expression in renal collecting duct epithelial cells: use of the inducible Cre-lox system." *Am J Physiol Renal Physiol*, **286**: F180-7.

P

Pacaud P, Sauzeau V and Loirand G, **2005**. "Rho proteins and vascular diseases." *Arch Mal Coeur Vaiss*, **98**: 249-54.

Palmiter RD, Brinster RL, et al, **1982**. "Dramatic growth of mice that develop from eggs microinjected with metallothionein-growth hormone fusion genes." *Nature*, **300**: 611-5.

Panza JA, Quyyumi AA, et al, **1990**. "Abnormal endothelium dependent vascular relaxation in patients with essential hypertension." *N Engl J Med*, **323**: 22-7.

Park JB et Schiffrin EL, **2002**. "Cardiac and vascular fibrosis and hypertrophy in aldosterone-infused rats: role of endothelin-1." *Am J Hypertens*, **15**: 164-9.

Park YM, Park MY, et al, **2004**. "NAD(P)H oxidase inhibitor prevents blood pressure elevation and cardiovascular hypertrophy in aldosterone-infused rats." *Biochem Biophys Res Commun*, **313**: 812-7.

Pascual-Le Tallec L and Lombes M, **2005**. "The mineralocorticoid receptor: a journey exploring its diversity and specificity of action." *Mol Endocrinol*, **19**: 2211-21.

Phillips M, **2003**. "Tissue renin-angiotensin systems." *American Heart Association*.

Piepot HA, Groeneveld AB, et al, **2002**. "The role of inducible nitric oxide synthase in lypopolysaccharide-mediated hyporeactivity to vasoconstrictors differs among isolated rat arteries." *Clin Sci (Lond.)*, **102**: 297-305.

Pietri L, Bloch-Faure M, et al, **2002**. "Altered renin synthesis and secretion in the kidneys of heterozygous mice with a null mutation in the TGF-beta(2) gene." *Exp Nephrol*, **10**: 374-82.

Pinet F, Poirier F, et al, **2004**. "Troponin T as a marker of differentiation revealed by proteomic analysis in renalarterioles." *Faseb J*, **18**: 585-6.

Pitt B, Zannad F, et al, **1999**. "The effect of spironolactone on morbidity and mortality in patients with severe heart failure (The randomized aldactone evaluation study [RALES])." *N Engl J Med*, **341**: 709-17.

335

Pitt B, Remme W, et al, **2003**. "Eplerenone, a selective aldosterone blocker in patients with left ventricular dysfunction after myocardial infarction." *N Engl J Med*, **348**: 1309-21.

Pluger S, Faulhaber J, et al, **2000**. "Mice with disrupted BK channel beta1 subunit gene feature abnormal Ca(2+) spark/STOC coupling and elevated blood pressure." *Circ Res*, **87**: E53-60.

Pu Q, Touyz RM and Schiffrin EL, **2002**. "Comparison of angiotensin-converting enzyme (ACE), neutral endopeptidase (NEP) and dual ACE/NEP inhibition on blood pressure and resistance arteries of deoxycorticosterone acetate-salt hypertensive rats." *J Hypertens*, **20**: 899-907.

Pujo L, Fagart J, et al, **2007**. "Mineralocorticoid receptor mutations are the principal cause of renal type 1 pseudohypoaldosteronism." *Human Mut*, **28**: 33-40.

Puttini S, Beggah AT, et al, **2001**. "Tetracycline-inducible gene expression in cultured rat renal CD cells and in intact CD from transgenic mice." *Am J Physiol Renal Physiol*, **281**: F1164-72.

Q

Qin W, Rudolph AE et al, **2003**. "Transgenic model of aldosterone-driven cardiac hypertrophy and heart failure." *Circ Research*, **93**: 69-76.

Quaschning T, Ruschitzka F, et al, **2001**. "Aldosterone receptor antagonism normalizes vascular function in liquorice-induced hypertension." *Hypertension*, **37**: 801-5.

Quignard JF, Félétou M, et al, **2000**. "Role of endothelial cells hyperpolarization in EDHF-mediated responses in the guinea-pig carotid artery. " *Br J Pharmacol*, **129**: 1103-12.

Quilley J and McGiff JC, **2000**. "Is EDHF an epoxyeicosatrienoic acid ?" *Trends Pharmacol Sci*, **21**: 121-4.

R

Rebuffat AG, Tam S, et al, **2004**. "The 11-ketosteroid 11 ketodexamethasone is a glucocorticoid receptor agonist." *Mol Cell Endocrinol*, **214**: 27-37.

Renault G, Bonnin P, et al, **2006**. "[High-resolution ultrasound imaging of the mouse]." *J Radiol*, **87**: 1937-45.

Richard V, Kaeffer N, et al, **1994**. "Ischemic preconditionning protects against coronary endothelial dysfunction induced by ischemia and reperfusion." *Circulation*, **89**: 1254-61.

Richer C, Domergue V, et al, **2000**. "Fluospheres for cardiovascular phenotyping genetically modified mice." *J Cardiovasc Pharmacol*, **36**: 396-404.

Robert V, Heymes C, et al, **1999**. "Angiotensin AT1 receptor subtype as a cardiac target of aldosterone: role in aldostérone-salt induced fibrosis." *Hypertension*, **33**: 981-6.

Robert-Nicoud M, Flahaut M, et al, **2001**. "Transcriptome of a mouse kidney cortical collecting duct cell line: effects of aldosterone and vasopressin." *PNAS USA*, **98**: 2712-6.

Rocha R, Stier CT Jr, et al, **2000**."Aldosterone: a mediator of myocardial necrosis and renal arteriopathy." *Endocrinology*, **141**: 3871-8.

Rogerson FM, Brennan FE, et al, **2004**. "Mineralocorticoid receptor binding, structure and function." *Mol Cell Endocrinol*, **217**: 203-12.

Ronzaud C, Loffing J, et al, **2007**. "Impairment of sodium balance in mice deficient in renal principal cell mineralocorticoid receptor." *J Am Soc Nephrol*, **18**: 1679-87.

Rossi GP, Sachetto A, et al, **1999**. "Interactions between endothelin-1 and the renin- angiotensin-aldosterone system." *Cardiovasc Res*, **43**: 300-7.

Rossier BC, Pradervand S, et al, **2002**. "Epithelial sodium channel and the control of sodium balance: interaction between genetic and environmental factors." *Annu Rev Physiol,* **64**: 877-97.

Rotin D, Bar-Sagi D, et al, **1994**. "An SH3 binding region in the epithelial Na+ channel (alpha rENaC) mediates its localization at the apical membrane." *Embo J,* **13**: 4440-50.

Roth JB, Foxworth WB, et al, **1999**. "Spontaneous and Engineered Mutant Mice as Models for Experimental and Comparative Pathology: History, Comparison, and Developmental Technology." *Laboratory Animal Science,* **49:** 12-34

Rubera I, Loffing J, et al, **2003**. "Collecting duct-specific gene inactivation of αENaC in the mouse kidney does not impair sodium and potassium balance." *J Clin Invest,* **112**: 554-65.

S

Sainte-Marie Y, Nguyen Dinh Cat A, et al, **2007**. "Conditional glucocorticoid receptor expression in the heart induces atrial-ventricular block." *Faseb J,* **21**: 3133-41.

Sakura T, Yanagisawa M and Masaki T, **1992**. "Molecular characterization of endothelin receptors." *Trends Pharmacol Sci,* **13**: 103-8.

Sandow SL and Hill CE, **2000**. "Incidence of myoendothelial gap junctions in the proximal and distal mesenteric arteries of the rat is suggestive of a role in endothelium- derived hyperpolarizing factor-mediated responses." *Circ Research,* **86**: 341-6.

Sattar N, **2004**. "Inflammation and endothelial dysfunction: intimate companions in the pathogenesis of vascular disease." *Clin Sci (Lond),* **106**: 443-5.

Sausbier M, Arntz C, et al, **2005**. "Elevated blood pressure linked to primary hyperaldosteronism and impaired vasodilatation in BK channel-deficient mice." *Circulation,* **112**: 60-8.

Sausbier M, Hu H, et al, **2004**. "Cerebellar ataxia and Purkinje cell dysfunction caused by Ca2+-activated K+ channel deficiency." *PNAS USA*, **101**: 9474-8.

Savoia C, Touyz RM, et al, **2008**. "Selective mineralocorticoid receptor blocker eplerenone reduces resistance artery stiffness in hypertensive patients." *Hypertension*, **51**: 432-9.

Schafer A, Fraccarollo D, et al, **2003**. "Addition of the selective aldosterone receptor antagonist eplerenone to ACE inhibition in heart failure: effect on endothelial dysfunction." *Cardiovasc Res*, **58**: 655-62.

Schiffrin EL, **2006**. "Effects of aldosterone on the vasculature." *Hypertension*, **47**: 312-8. Schiffrin EL, **2003**. "Endothelin." *American Heart Association*.

Schmidt BM, Oehmer S, et al, **2003**. "Rapid nongenomic effects of aldosterone on human forearm vasculature." *Hypertension*, **42**: 156-60.

Schulz-Baldes A, Berger S, et al, **2001**. "Induction of the epithelial Na+ channel via glucocorticoids in mineralocorticoid receptor knockout mice." *Pflügers Arch*, **443**: 297-305.

Scott-Burden T, Resink TJ, et al, **1991**. "Induction of endothelin secretion by angiotensin II: effects on growth and synthetic activity of vascular smooth muscle cells." *J Cardiovasc Pharmacol*, **17 Suppl 7**: S96-100.

Serebryakov V and Takeda K, **1992**. "Voltage-dependent calcium current and the effects of adrenergic modulation in rat aortic smooth muscle cells." *Philos Trans R Soc Lond B Biol Sci*, **337**: 37-47.

Serguera C, Bohl D, et al, **1999**. "Control of erythropoietin secretion by doxycycline or mifepristone on mice bearing polymer-encapsulated engineered cells." *Hum Gene Ther*, **10**: 375-83.

Shakya R, Jho EH, et al, **2005**. "The role of GDNF in patterning excretory system." *Dev Biol*, **283**: 70-84.

Sheppard KE and Autelitano DJ, **2002**. "11Beta-hydroxysteroid dehydrogenase 1 transforms 11-dehydrocorticosterone into transcriptionnaly active glucocorticoid in neonatal rat heart." *Endocrinology*, **143**: 198-204.

Shibli-Rahhal A, Van Beek M and Schlechte JA, **2006**. "Cushing's syndrome." *Clin Dermatol*, **24**: 260-5.

Shuck ME, Bock JH, et al, **1994**. "Cloning and characterization of multiple forms of the human kidney ROM-K potassium channel." *J Biol Chem*, **269**: 24261-70.

Skott O, Torben R, et al, **2006**. "Rapid actions of aldosterone in vascular health and disease – friend or foe ?" *Pharmacol and Therapeutics*, **111**: 495-507.

Silvestre JS, Robert V, et al, **1998**. "Myocardial production of aldosterone and corticosterone in the rat. Physiological regulation." *J Biol Chem*, **273**: 4883-91.

Simpson SA, Tait JF, et al, **1952**. "Secretion of a salt-retaining hormone by the mammalian adrenal cortex." *Lancet*, **2**: 226-8.

Simpson SA, Tait JF, et al, **1954**. "[Constitution of aldosterone, a new mineralocorticoid.]" *Experientia*, **10**: 132-3.

Smith G, Stubbins J, et al, **1998**. "Molecular genetics of the human cytochrome P450 monooxygenase superfamily." *Xenobiotica*, **28**: 1129-65.

Snyder PM, Olson DR and Thomas BC, **2002**. "Serum and glucocorticoid-regulated kinase modulates Nedd4.2-mediated inhibition of the epithelial Na+ channel." *J Biol Chem*, **277**: 5-8.

Soundararajan R, Zhang TT, et al, **2005**. "A novel role for glucocorticoid-induced leucine zipper protein (GILZ) in ENaC-mediated sodium transport." *J Biol Chem*, **280**: 39970-81.

Souness GW and Morris DJ, **1991**. "The "mineralocorticoid-like" actions conferred on corticosterone by carbenoxolone are inhibited by the mineralocorticoid receptor (type I) antagonist RU28318." *Endocrinology*, **129**: 2451-6.

Srinivas S, Wu Z, et al, **1999**. "Dominant effects of RET receptor misexpression and ligand-independent RET signalling on ureteric bud development." *Development*, **126**: 1375-86.

Staub O, Dho S, et al, **1996**. "WW domains of Nedd4 bind to the praline-rich PY motifs in the epithelial Na+ channel deleted in Liddle's syndrome." *Embo J*, **15**: 2371-80.

Staub O, Abriel H, et al, **2000**. "Regulation of the epithelial Na+ channel by Nedd4 and ubiquitination." *Kidney Int*, **57**: 809-15.

Stewart PM, Wallace AM, et al, **1987**. "Mineralocorticoid activity of liquorice: 11-beta- hydroxysteroid dehydrogenase deficiency comes of age." *Lancet*, **2**: 821-4.

Stocco DM, **2001**. "Tracking the role of a star in the sky of the new millennium." *Mol Endocrinol*, **15**: 1245–54.

Stockand JD, Spier BJ, et al, **1999**. "Regulation of Na reabsorption by the aldosterone- induced, small G protein K-Ras2A." *J Biol Chem*, **274**: 35449-54.

Stricklett PK, Nelson RD and Kohan DE, **1999**. "Targeting collecting tubules using the aquaporin-2 promoter." *Exp Nephrol*, **7**: 67-74.

Struthers AD, **2002**. "Impact of aldosterone on vascular pathophysiology." *Congest Heart Fail*, **8**: 18-22.

Struthers AD, **2004**. "Aldosterone-induced vasculopathy." *Mol Cell Endocrinol*, **217**: 239-241.

Sun JF, Phung T, et al, **2005**. "Mirovascular patterning is controlled by fine-tuning the Akt signal." *PNAS USA*, **102**: 128-33.

Sweadner KJ, **1989**. "Isozymes of the Na+/K+-ATPase." *Biochim Biophys Acta*, **988**: 185-220.

T

Takeda Y, Miyamori I, et al, **1995**. "Production of aldosterone in isolated rat blood vessels." *Hypertension*, **25**: 170-3.

Tanaka Y, Meera P, et al, **1997**. "Molecular constituents of maxi Kca channels in human coronary smooth muscle: predominant alpha +beta subunit complexes." *J Physiol*, **502**: 545-57.

Taylor MS, Boney AD, et al, **2003**. "Altered expression of small conductance Ca2+- activated K+ (SK3) channelsmodulates arterial tone and blood pressure." *Circ Research*, **93**: 124-31.

Torrecillas G, Diez-Marques ML, et al, **2000**. « Mechanisms of cGMP-dependent mesangial-cell relaxation: a role for myosin light-chain phosphatase activation. » *Biochem J*, **146**: 217-22.

Toussaint JF, Jacob MP, et al, **2003**. "L'athérosclérose: physiopathologie, diagnostics, thérapeuthiques." Editions *Masson*, 776p.

Tronche F, Kellendonk C, et al, **1999**. "Disruption of the glucocorticoid receptor gene in the nervous system results in reduced anxiety." *Nature Genetics*, **23**: 99-103.

Truss M and Beato MR, **1993**. "Steroid hormone and receptors: interaction with deoxyribonucleic acid and transcription factors." *Endocr Rev*, **14**: 459-79.

Tumlin JA, Hoban CA, et al, **1994**. "Expression of Na-K-ATPase alpha- and beta-subunit mRNA and protein isoforms in the rat nephron." *Am J Physiol*, **266**: F240-5.

U

Ulick S, Levine LS, et al, **1979**. "A syndrome of apparent mineralocorticoid excess associated with defects in the peripheral metabolism of cortisol." *J Clin Endocrinol Metab*, **49**: 757-64.

Ullian ME, Schelling JR, et al, **1992**. "Aldosterone enhances angiotensin II receptor binding and inositol triphosphate responses." *Hypertension*, **20**: 67-73.

Urlinger S, Baron U, et al, **2000**. "Exploring the sequence space for tetracycline-dependent transcriptional activators: novel mutations yield expanded range and sensitivity. *PNAS USA*, **97**: 7963-8.

Unger T, Culman J and Gohlke P, **1998**. "Angiotensin II receptor blockade and end-organ protection: pharmacological rationale and evidence." *J Hypertens* **Suppl 16**: 53-9.

V

Valverde MA, Rojas P, et al, **1999**. "Acute activation of Maxi-K channels (hSlo) by estradiol binding to the beta subunit." *Science*, **285**: 1929-31.

van den Eijnden MM, de Bruin RJ, et al, **2002**. "Transendothelial transport of renin- angiotensin system components." *J Hypertens*, **20**: 2029-37.

Vanhoutte PM, **2004**. "EDHF." *London: Taylor and Francis*.

Vanhoutte PM, **2003**. "Vascular Nitric Oxide." *American Heart Association*.

Verrey F, Kraehenbuhl JP and Rossier BC, **1989**. "Aldosterone induces a rapid increase in the rate of Na, K-ATPase gene transcription in cultured kidney cells." *Mol Endocrinol*, **3**: 1369-76.

Virdis A, Neves MF, et al, **2002**. "Spironolactone improves angiotensin-induced vascular changes and oxidative stress." *Hypertension*, **40**: 504-10.

W

Walker BR, Best R, et al, **1996**. "Increase vasoconstrictor sensitivity to glucocorticoids in essential hypertension." *Hypertension*, **27**: 190-6.

Wang Q, Clement S, et al, **2004**. "Chronic hyperaldosteronism in a transgenic mouse model fails to induce cardiac remodelling and fibrosis under a normal-salt diet." *Am J Physiol*, F1178-84.
343

Weber KT et Brilla CG, **1991**. "Pathological hypertrophy and cardiac interstitium fibrosis and rennin-angiotensin-aldosterone system." *Circulation*, **83**: 1849-65.

Weber KT, Brilla CG, et al, **1993**. "Myocardial fibrosis: role of angiotensin II and aldosterone." *Basic Res Cardiol*, **88 Suppl 1**: 107-24.

Werner ME, Zvara P, et al, **2005**. "Erectile dysfunction in mice lacking the large- conductance calcium-activated potassium (BK) channel." *J Physiol*, **567**: 545-56.

White PC, Mune T, et al, **1997**. "11 beta-hydroxysteroid dehydrogenase and the syndrome of apparent mineralocorticoid excess." *Endocr Rev*, **18**: 135-56.

Whitworth JA, Coghlan JP, et al, **1979**. "Comparison of the effects of glucocorticoid and mineralocorticoid infusions on blood pressure in sheep." *Clin Exp Hypertension*, **1**: 649-63.

Whitworth JA, Gordon D, et al, **1989**. "The hypertensive effects of synthetic glucocorticoids in man: role of sodium and volume." *J Hypertens*, **7**: 537-49.

Whitworth JA, **1994**. "Studies on the mechanisms of glucocorticoid hypertension in humans." *Blood Pressure*, **3**: 24-32.

Wilson JD, Foster DW, et al, **1998**. Williams textbook of endocrinology. 9ème éd.,
Saunders Company, Philadelphie, Pennsylvanie, 1819 p.

Wilson RC, Harbison MD, et al, **1995**. "Several homozygous mutations in the gene for 11 beta-hydroxysteroid dehydrogenase type 2 in patients with apparent mineralocorticoid excess." *J Clin Endocrinol Metab*, **80**: 3145-50.

Woodrum DA et Brophy CM, **2001**. "The paradox of smooth muscle physiology." *Mol Cell Endocrinol*, **177**: 135-43.

Wray S, Burdyga T and Noble K, **2005**. "Calcium signalling in smooth muscle." *Cell calcium,* **38**: 397-407.

X

Xia Y, Tsai AL, et al, **1998**. "Superoxide generation from endothelial nitric-oxide synthase. A Ca2+/calmodulin-dependent and tetrahydrobiopterin regulatory process." *J Biol Chem*, **273**: 25804-8.

Xu B, Stippec S, et al, **2005**. "WNK1 activates Sgk1 to regulate the epithelial sodium channel. " *PNAS USA*, **102**: 10315-20.

Y

Yagil Y, Koreen R et Krakoff LR, **1986**. "Role of mineralocorticoids and glucocorticoids in blood pressure regulation in normotensive rats." *Am J Physiol*, **251**: H1354-60.

Yamamoto Y, Imaeda K and Suzuki H, **1999**. "Endothelium-dependent hyperpolarization and inercellular electrical coupling in guinea pig mesenteric arterioles." *J Physiol*, **514**: 505-13.

Yanagisawa M, Kurihara H, et al, **1988**. "A novel potent vasoconstrictor peptide produced by vascular endothelial cells." *Nature*, **332**: 411-5.

Yang S and Zhang L, **2004**. "Glucocorticoids and vascular reactivity." *Curr Vasc Pharmacol*, **2**: 1-12.

Ying WZ and Sanders PW, **2005**. "Enhanced expression of EGF receptor in a model of salt-sensitiv hypertension." *Am J Physiol Renal Physiol*, **289**: F314-21.

Yoo D, Kim BY, et al, **2003**. "Cell surface expression of the ROMK (Kir 1.1) channel is regulated by the aldosterone-induced kinase, SGK-1, and protein kinase A." *J Biol Chem*, **278**: 23066-75.

Yoshida K, Kim-Mitsuyama S, et al, **2005**. "Excess aldosterone under normal salt diet induces cardiac hypertrophy and infiltration via oxidative stress." *Hypertens Res*, **28**: 447-55.

Young MJ, Fullerton M et al, **1994**. "Mineralocorticoids, hypertension, and cardiac fibrosis." *J Clin Invest*, **93**: 2578-83.

Young MJ, Moussa L, et al, **2003**. "Early inflammatory responses in experimental cardiac hypertrophy and fibrosis: effects of 11 beta-hydroxysteroid dehydrogenase inactivation." *Endocrinology*, **144**: 1121-5.

Yu Z, Redfern CS, et al, **1996**. "Conditional transgene expression." *Circ Research*, **79**: 691-7.

Yukinori I, Tomoatsu M, et al, **2006**. "Physiologic roles of 11b-hydroxysteroid dehydrogenase type 2 in kidney." *Metabolism Clin and Exp*, **55**: 1352-7.

Z

Zannad F, Alla F, et al, **2000**. "Limitation of excessive extracellular matrix turnover may contribute to survival benefit of spironolactone therapy in patients with congestive heart failure: insights from the randomized aldactone evaluation study (RALES). Rales Investigators." *Circulation*, **102**: 2700-6.

Zarain-Herzberb A, Marques J, et al, **1990**. "Thyroid hormone receptor modulates the expression of the rabbit cardiac sarco(endo)plasmic reticulum Ca(2+)-ATPase gene." *J Biol Chem*, **269**: 1460-7.

Zennaro MC, Le Menuet D, et al, **1996**. "Characterization of the human mineralocorticoid receptor gene 5'-regulatory region: evidence for differential hormonal regulation of two alternative promoters via nonclassical mechanisms." *Mol Endocrinol*, **10**: 1549-60.

Zhao W, Ahokas RA, et al, **2006**. "ANG II-induced cardiac molecular and cellular events: role of aldosterone." *Am J Physiol Heart Circ Physiol*, **291**: H336-43.

LISTE DES COMMUNIATIONS ORALES ET AFFICHEES.

- *Communications orales (séminaires, colloques, congrès)*

2007   **First China-France Forum in Cardiovascular Research**, Beijing, China: "Blood pressure is increased by conditional Mineralocorticoid Receptor overexpression in the endothelium."

2006   **11th Annual Meeting of the European Council for Cardiovascular Research (ECCR)**, Nice, France: "Blood pressure is increased by conditional Mineralocorticoid Receptor overexpression in the endothelium."

2005   **4th American Society of Nephrology (ASN) Renal Week**, Philadelphie, PA, USA: "Pathophysiological roles of the Mineralocorticoid and the Glucocorticoid receptors in the heart and the kidney: New insights from conditional transgenic models."

2005   **World Congress of Molecular and Cellular Biology**, Poitiers, France: "Conditional expression of the Mineralocorticoid (MR) and Glucocorticoid (GR) receptors in the heart and vascular endothelium."

- *Presentations affichées (séminaires, colloques, congrès)*

2011   **Canada Hypertension Meeting**, Alliston, ON, Canada: "Role of steroid and G protein-coupled receptors in adipocyte-derived factor signaling in mouse vascular smooth muscle cells."

2011   **65th High Blood Pressure Research conference**, Orlando, FL, USA: "Adipose-derived aldosterone / mineralocorticoid releasing factors regulate proinflammatory signaling in vascular smooth muscle cells" et "Calcineurin/NFAT mediates angiotensin II-induced aldosterone synthesis in adipocytes."

2010   **64th High Blood Pressure Research conference**, Washington, DC, USA: "Adipose-derived aldosterone / mineralocorticoid releasing factors regulate proinflammatory signaling in vascular smooth muscle cells."

2010   **Ontario Hypertension Society Meeting**, Alliston, ON, Canada: "The endothelial mineralocorticoid receptor regulates vasoconstrictor tone and blood pressure."

2010   **International Society of Hypertension**, Vancouver, BC, Canada: "The endothelial mineralocorticoid receptor regulates vasoconstrictor tone and blood pressure."

2010   **ICRH Young Investigator Forum**, Vancouver, BC, Canada: "The endothelial mineralocorticoid receptor regulates vasoconstrictor tone and blood pressure."

2009   **63rd High Blood Pressure Research Conference**, Chicago, USA: "The endothelial mineralocorticoid receptor regulates vasoconstrictor tone and blood pressure."

2008   **IV. Symposium on Cardiovascular Healing Focus on Aldosterone**, Université de Würzburg, Allemagne: "Conditional transgenic mice for studying the Role of the Glucocorticoid Receptor in the renal collecting duct."

2008   **Congrès du Groupe de Réflexion sur la Recherche Cardiovasculaire (GRRC)**, Montpellier, France: "Endothelium-specific calcium-activated potassium channels: targets for Aldosterone."

2007   **6th International conference on Aldosterone and ENaC**, Zermatt, Suisse: "Endothelium-specific calcium-activated potassium channels: targets for Aldosterone."

2007   **Congrès du Groupe de Réflexion sur la Recherche Cardiovasculaire (GRRC)**, Tours, France: "Blood pressure is increased by conditional Mineralocorticoid receptor overexpression in the endothelium."

2006   **Congrès du Groupe de Réflexion sur la Recherche Cardiovasculaire (GRRC)**, Toulouse, France: "Pathophysiological roles of the Mineralocorticoid and the Glucocorticoid receptors in the heart: New insights from conditional experimental model."

2005   **European Section of the Aldosterone Council (ESAC)**, Nancy, France: "Pathophysiological role of the Aldosterone and the Mineralocorticoid Receptor in the vessels: New insights from conditional models."

LISTE DES PUBLICATIONS.

1. **Nguyen Dinh Cat A**, et al. Angiotensin II, NADPH Oxidase and Redox Signaling in the Vasculature. *Antioxidants & Redox Signaling* (ARS-2012-4641.R1) (*IF: 8.21*)

2. **Nguyen Dinh Cat A**, Jaisser F. Extra-renal effects of Aldosterone. *Curr Opin Nephrol Hypertens*, 2012; 21(2):147-56. (*IF: 4.45*)

3. **Nguyen Dinh Cat A**, et al. Cardiomyopathy and Response to Enzyme Replacement Therapy in a Male Mouse model for Fabry Disease. *PLoS One* (PONE-D-11-21180). (*IF: 4.41*)

4. Latouche C, Messaoudi S, El Moghrabi S, **Nguyen Dinh Cat A**, et al. Neutrophil gelatinase-associated lipocalin is a novel mineralocorticoid target in the cardiovascular system. *Hypertension*, 2012; 59(5):966-27. (*IF: 6.91*)

5. Briones AM*, **Nguyen Dinh Cat A***, et al. Adipocytes produce aldosterone through calcineurin-dependent signaling pathways: Implications in diabetes-associated obesity and vascular dysfunction. *Hypertension.* 2012; 59(5):1069-78. (*IF: 6.91*) *these authors equally contributed

6. **Nguyen Dinh Cat A**, Touyz RM. Cell signaling of angiotensin II on vascular tone: novel mechanisms. *Curr Hypertens Rep.* 2011 Apr;13(2):122-8. (*IF: 2.23*)

7. **Nguyen Dinh Cat A**, Touyz RM. A new look at the renin-angiotensin system--focusing on the vascular system. *Peptides.* 2011 Oct;32(10):2141-50. (*IF: 2.65*)

8. **Nguyen Dinh Cat A**, et al. Adipocyte-derived factors regulate vascular smooth muscle cells through mineralocorticoid and glucocorticoid receptors. *Hypertension.* 2011; 58(3):479-88. (*IF: 6.91*)

9. **Nguyen Dinh Cat A***, Griol-Charhbili V*, et al. The endothelial mineralocorticoid receptor regulates vasoconstrictor tone and blood pressure. *FASEB J.* 2010; 24(7):2454-63. (*IF: 6.52*) *these authors equally contributed

10. Palais G, **Nguyen Dinh Cat A**, et al. Targeted transgenesis at the HPRT locus: an efficient strategy to achieve tightly controlled in vivo conditional expression with the tet system. *Physiol Genomics.* 2009; 37(2):140-6. (*IF: 3.36*)

11. **Nguyen Dinh Cat A**, et al. Conditional transgenic mice for studying the role of the glucocorticoid receptor in the renal collecting duct. *Endocrinology.* 2009; 150(5):2202-10. (*IF: 4.99*)

12. Di Zhang A, **Nguyen Dinh Cat A**, et al. Cross-talk between mineralocorticoid and angiotensin II signaling for cardiac remodeling. *Hypertension*. 2008; 52(6):1060-7. (*IF: 6.91*)

13. Sainte-Marie Y, **Nguyen Dinh Cat A**, et al. Conditional glucocorticoid receptor expression in the heart induces atrio-ventricular block. *FASEB J*. 2007; 21(12):3133-41. (*IF: 6.52*)

14. **Nguyen Dinh Cat A**, et al. Animal models in cardiovascular diseases: new insights from conditional models. *Handb Exp Pharmacol*. 2007; 178:377-405.

15. Ouvrard-Pascaud A, Sainte-Marie Y, Bénitah JP, Perrier R, Soukaseum C, **Nguyen Dinh Cat A**, et al. Conditional mineralocorticoid receptor expression in the heart leads to life-threatening arrhythmias. *Circulation*. 2005; 111(23):3025-33. (*IF: 14.43*)

BONUS.

« La Recherche comporte et comportera toujours une part importante d'activité créatrice »

Pierre Joliot-Curie.
(Extrait de « La Recherche passionnément », 2002)

Les dessins qui suivent m'ont été inspirés : 1) par les créateurs du personnage de la souris Diddl ou par Le Chat de Philippe Gelück, 2) par les membres de l'unité Inserm 772, 3) par les souris qui m'ont accompagnée pendant ces 5 ans de thèse.

LA SOURIS EST VOLONTAIRE :
À LA QUESTION : « - Who wants to... ? »

I, I WANT TO GO TO THE "ISLAND"!*

*THE ISLANDmeans :
- partir à Lariboisière faire de la **TELE(METRIE)-REALITE** ;
- partir au **Royaume des deux chats** (BICHAT) et survivre aux ECGs, aux échocardiographies et aux pressions artérielles du CEFI…
- Partir faire de la **Résistance vasculaire** à ANGERS ;
- Se retrouver dans La **Cage de la TENTATION** avec 3 femelles séductrices…
- Faire du **TOBOGGAN** de la mort avec d'autres vieux amis à l'animalerie Euro-EOPS, au -2 ;
- Mourir dignement, le CŒUR, les REINS, l'AORTE, le MUSCLE, le FOIE, la RATE, les POUMONS, la PEAU, le CERVEAU prélevés **pour faire avancer la SCIENCE**…

LA SOURIS TOMBE AMOUREUX :

DEUX POINTS DE VUE DIFFERENTS...

« Mon expérience pilote pour montrer que les personnes atteintes d'hypertension hyperkaliémique familiale avaient effectivement une tension artérielle élevée ainsi qu'une hyperkaliémie sévère a nécessité d'examiner seulement 2 patients australiens... »

« Pour montrer que nos souris MR-vaisseau sont hypertendues, nous avons eu besoin de 40 souris dans chaque groupe, soit nous avons dû lancer 10 accouplements et attendre 2 mois qu'elles soient en âge pour l'expérience ... et nous avons répété l'expérience 3 fois pour être sûrs ! »

VOILA ! Je le savais bien qu'il y avait déjà eu un cas de la sorte : « 1965 : les personnes de la laverie de l'Hôtel Dieu refusent de remplir les boîtes de pointes de 10 μ, 200 μ et 1000 μ. Les chercheurs sont indignés mais devront le faire eux-mêmes... » Heureusement que je note TOUT !!

LA SOURIS N'EST PAS RANCUNIÈRE :

UNE SERINGUE ?? NON, JE N'AI RIEN VU.

Tournez vite la page, le danger n'est jamais loin avec Vio... (hihihi)

355

La dissection: tout un art ?

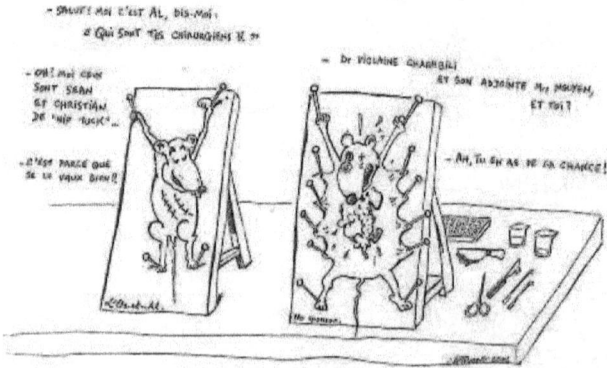

Inquiro ergo sum*...

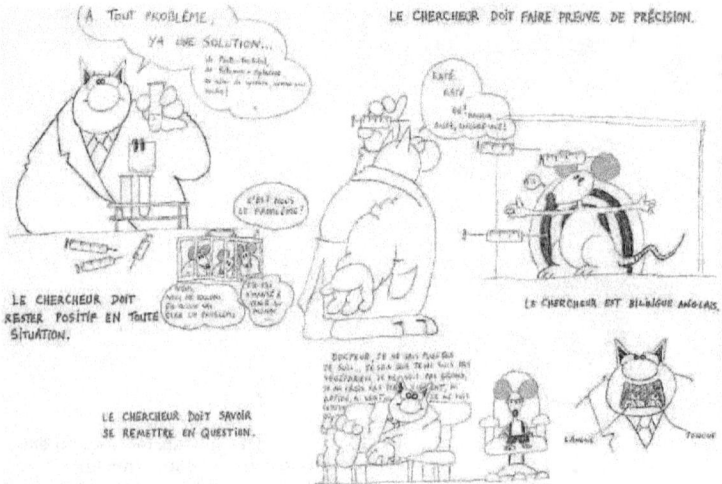

*Je cherche donc je suis (en latin)

Coup de foudre à Kidneyland...

L'histoire d'amour entre l'aldostérone (Prénom: Aldo) et le récepteur minéralocorticoïde (Prénom: RM) a été révélée par la presse (Nature Match) en 1952. La meilleure amie de Aldo, l'enzyme 11β-HSD2 (Prénom: HSD2), est aussi leur garde du corps contre leurs nombreux ennemis, les glucocorticoïdes (Prénom: GCs). En effet, en présence de HSD2, les GCs sont « transformés » de manière à ce que RM n'ait plus d'affinité pour eux, ce qui permet une relation exclusive d'Aldo avec RM. Ceci est vrai à

357

Kidneyland, ou encore à Endotheliumland mais sur d'autres continents (Heartland, Muscleland), HSD2 est interdite de séjour et ne peut donc plus protéger Aldo. Qu'advient-il des deux tourtereaux à ces endroits-là ? Et lorsque HSD2 est « affaiblie » ?
Une grande saga commence bientôt sur vos écrans... A suivre !